科学养鸽
与疾病防治

KEXUE YANGGE
YU JIBING FANGZHI

张艳云 编著

内蒙古人民出版社

图书在版编目（CIP）数据

科学养鸽与疾病防治 / 张艳云编著 . -- 呼和浩特：内蒙古人民出版社，2022.12
（助力乡村振兴　养殖致富丛书）
ISBN 978-7-204-17305-1

Ⅰ.①科… Ⅱ.①张… Ⅲ.①鸽—饲养管理②鸽—动物疾病—防治 Ⅳ.① S836 ② S858.39

中国版本图书馆 CIP 数据核字 (2022) 第 250831 号

助力乡村振兴　养殖致富丛书

科学养鸽与疾病防治

作　　者	张艳云
责任编辑	张桂梅　赵雅君
封面设计	刘那日苏
出版发行	内蒙古人民出版社
地　　址	呼和浩特市新城区中山东路 8 号波士名人国际 B 座 5 楼
印　　刷	内蒙古爱信达教育印务有限责任公司
开　　本	880mm × 1230mm　1/32
印　　张	3.5
字　　数	100 千
版　　次	2022 年 12 月第 1 版
印　　次	2022 年 12 月第 1 次印刷
印　　数	1—3000 册
书　　号	ISBN 978-7-204-17305-1
定　　价	18.00 元

图书营销部联系电话：（0471）3946298　3946267
如发现印装质量问题，请与我社联系。联系电话：（0471）3946120

前　言

我国是农业大国,党的十八大以来,经过八年齐心协力的脱贫攻坚,让全国几千万农民摆脱了贫困,生活水平全方位改善。实现社会主义农业现代化的出路在于科技与教育,鉴于此,我们精心推出"助力乡村振兴,养殖致富丛书",旨在普及推广现代养殖业的科技知识,为农民致富、为农村经济发展尽我们的绵薄之力。

"助力乡村振兴,养殖致富丛书"是一套指导养殖人员科学、高效生产的专业图书,共包含《科学养猪与疾病防治》《科学养牛与疾病防治》《科学养羊与疾病防治》《科学养鸡与疾病防治》《科学养鱼与疾病防治》《科学养鸽与疾病防治》六个分册。本套丛书采用图文结合的方式,以通俗易懂的语言,全面、系统地介绍了养殖技术与疾病防治知识,力求使读者一读就懂、一看就会。

本丛书编写工作得到了有关农业研究单位、农业院校的诸多农学专家的大力支持。这些年轻有为的农学专家都是有着丰富理论和实践经验的专业人员,在编写中注重知识的实用性与准确性,突出技术的科学性与可操作性,并选用行业发展的最前沿信息,以期切实指导农民增产增收,为他们走上致富之路提供助力。

丛书编委会

主　编　赵　源
副主编　乔蓬蕾　元　秀
编　委　赵　源　乔蓬蕾　李莎莎　徐凤敏
　　　　张艳云　崔　斌　邓　颖　程　磊

目 录

第一章 鸽场选择、鸽舍及设备要求 ………………………………… 1
    一、肉鸽场场址选择 ……………………………………………… 1
    二、肉鸽场布局要求 ……………………………………………… 2
    三、鸽舍的种类 …………………………………………………… 2
    四、鸽笼、巢盆与栖架 …………………………………………… 6
    五、养鸽的其他设备 ……………………………………………… 9

第二章 肉鸽高效饲养管理技术 ……………………………………… 15
    一、肉鸽的营养与饲料要求 ……………………………………… 15
    二、饲养肉鸽常用的饲料 ………………………………………… 26
    三、肉鸽饲养标准及饲料配制方法 ……………………………… 37
    四、保健砂的应用技术 …………………………………………… 44
    五、肉鸽的饲养管理技术 ………………………………………… 52

第三章 肉鸽的疾病防治 ……………………………………………… 62
    一、做好清洁卫生、消毒工作,消灭传染源 …………………… 62
    二、做好饲料、饮水、空气清洁工作,阻断传染途径 ………… 64
    三、增强鸽的抵抗力 ……………………………………………… 67

四、鸽病的诊断与给药方法 ………………………………… 68

五、肉鸽常见病的防治 ……………………………………… 73

附　录 ……………………………………………………… 98

一、鸽生理学参考数据表 …………………………………… 98

二、鸽病简明诊断表 ………………………………………… 99

三、鸽病选用药一览表 ……………………………………… 101

四、鸽常用药用法和剂量 …………………………………… 103

第一章 鸽场选择、鸽舍及设备要求

一、肉鸽场场址选择

肉鸽饲养由于使用的是原粮，不需要饲料加工设备，种鸽产蛋后自己孵化、自己哺育，不需要孵化设备和人工孵化，不需人工育雏，所以养鸽投资少、见效快、饲养管理程序简便，很适合农户饲养，因此受到农民朋友的关注。农民庭院养鸽可利用自家闲置的房屋和院子里搭建的一些简易房，容易做到因陋就简、因地制宜。但是，若要进行集约化、规模化饲养肉鸽，就必须重视鸽场的场址选择。场址选择时必须考虑以下几个方面的问题。

1. **地形、地势选择** 鸽场与任何养禽场一样，必须选择地势较高、雨后排水性能好、水位较低、地面经常较干处，即以地势高燥、避风向阳的沙质土壤地较好。地面平坦或稍有一些坡度。如果是丘陵山地，一定选择朝阳的一面，这样冬季温度会高些。

2. **地理位置** 鸽场应远离居民区，与其他养禽场至少要有1 000米的距离。鸽场的场址不但要交通便利，离主干道还必须保持500米以上，这样便于运进饲料，还有利于防疫。

鸽场还要接近优质水源，能接自来水更好，不能接自来水的可以打深井取水，减少水源污染。

3. **鸽场的其他要求** 接近配电系统，能保证生产和生活用电，但

要远离飞机场、采矿场以及有污染源的企业。

二、肉鸽场布局要求

1. **生产区与生活区分开** 生产区与生活区要严格分开,生活区应在上风位置。而且生活区与生产区必须严格隔离,绝不能随便来往。生产区要有独立的门,门口要设消毒池,以便车辆出入消毒;门旁要设消毒室,人员进入时先进行紫外线全身消毒,再经过消毒池对鞋底进行消毒。

2. **饲料库与饲料配制间** 饲料库与饲料配制间应在生产区的上风位置,保证饲料清洁卫生。

3. **病鸽隔离饲养室与粪便处理场** 应设在生产区的下风位置,避免病原体飘入生产区。

4. **鸽舍的位置与布局** 鸽舍应在生产区的中心位置,舍与舍之间距离可远一些,可以达30米,中间种花草、树木美化环境;场地不允许时,舍与舍之间的距离也应有10米,便于防火与救火。笼养鸽舍应南北走向,冬季上午东边一排笼受光,下午西边一排笼受光,温度和光照强度都比较平均。如是地面群养鸽舍,应是坐北向南,东西走向。

三、鸽舍的种类

鸽舍分两大类,一是群养鸽舍,二是笼养鸽舍。群养鸽舍主要用于后备肉种鸽的饲养,笼养鸽舍主要用于繁殖期肉用种鸽的饲养。

1. **群养鸽舍**

(1)前敞式群养鸽舍 鸽舍的三面是墙,向阳的一面是敞开的,这种形式的鸽舍适合温暖地区。屋檐前的2~3米作为运动场,运动场四周及上面由铁丝网或尼龙网围成。舍内和运动场内设栖架,供鸽栖息。运动场地面铺设细沙或者水泥,鸽的采食和饮水、运动,都在运动场内完成。此种鸽舍的外形如图1-1所示。

图1-1　前敞式群养鸽舍

（2）关闭式群养鸽舍　这种鸽舍四面都有围墙,向阳的一面有窗,以供通风和光照。窗子在天热时打开,天冷时关闭。通道设置有两种,一种设置在前面,通道上部有两条道,鸽由此出入鸽舍、进入运动场。本鸽舍外部形状如图1-2所示。

图1-2　关闭式群养鸽舍

另一种是通道设在后面，鸽经由前墙上的窗子进入运动场。这种鸽舍在冬季不加温的情况下，舍内温度会达到5℃以上，适用于中原地区和华北地区。

2. 笼养鸽舍　笼养是把种鸽一对一笼地放在笼内饲养。笼子叠放在鸽舍内，一般放三层，也有放四层的。每个笼子都是一个用铁丝网围成的小的活动场所。笼子的大小视肉用种鸽品种体型大小而定。一般每个鸽笼长60厘米、宽50厘米、高45厘米。

笼养鸽的优点：鸽安定，采食均匀，管理方便，鸽笼结构简单、利用率高。种鸽目前多数采用笼养的方式。笼养鸽舍有半开放式鸽舍和封闭式鸽舍两种。

（1）半开放式鸽舍　又分为棚式笼养鸽舍、单列式笼养鸽舍、双列式笼养鸽舍三种。

1）棚式笼养鸽舍　这种鸽舍结构比较简单，用砖砌四个柱或立几根水泥柱，盖上屋顶，四边都不建围墙就可以放笼子养鸽了。鸽笼分排设在棚内。这种鸽舍适合南方养鸽场使用，其优点是造价低、光线好、空气流通、鸽舍空气新鲜、便于管理。如果在中原地区使用，冬季温度低时，必须用

图1-3　棚式笼养鸽舍

帘布封起来保温，否则种鸽的繁殖会受影响。此种鸽舍外形如图1-3所示。

2）单列式笼养鸽舍　这种鸽舍的特点是，利用围墙作为鸽舍的后墙，坐北向南最好，坐西向东或坐东向西搭建半坡形的棚，单排笼时，笼的一边靠墙；两排笼合并一列时，笼子需建在棚的中间。冬季时前面和侧

第一章　鸽场选择、鸽舍及设备要求

面用帘布封闭保温，可以在其中越冬；夏季撤了帘布后光线充足，通风良好。这种鸽舍构造简单，建造价低，占地少，单位面积比双列式少，适用于庭院养鸽。此种鸽舍外形如图1-4所示。

图1-4　单列式笼养鸽舍

3）双列式笼养鸽舍　这种鸽舍的屋顶设钟楼式气楼，两边缘各宽约0.6米，高约2.8米。舍内宽3米，中间有1~1.2米的工作通道。四周设排水沟，墙内外各设一条。鸽笼相对排列，可叠放3~4层，最低层笼底离水沟35~45厘米。夏季不吊帘布通风透光，冬天吊挂帘布保暖。笼的外侧设有门、食槽、水缸和保健砂杯，便于喂食和观察记录。

（2）封闭式笼养鸽舍　是饲养生产种鸽的常见鸽舍，可大可小，饲养数量小的可利用闲房改造，节省基本建设投资；饲养数量大的鸽场，最好自建规范的鸽舍。鸽舍不必建得太大，一般长40~50米，宽5~7米，以一个饲养员管理300~400对种鸽为宜。前后墙窗子做大一些，夏季应经常打开窗子通风换气，保持鸽舍空气清新。鸽舍前后墙都要设卷帘，冬季天冷时除关窗防寒外，晚上还可放下卷帘保温。鸽笼规格为60厘米

×50厘米×60厘米或60厘米×60厘米×60厘米。笼的整体为3层或4层，以方便喂饲为原则。鸽舍一般安排4排笼，并排两排笼为一列，每舍两列，也可以中间两排一列，两边各放一单排，规范的鸽舍列与列之间或列与排之间要设宽为1.2米的工作通道。饲料槽、水槽、保健砂杯都要置于笼的前面。现在都使用自动饮水器，自动饮水器管在前面通过，便于维修和管理。每个笼门上都要留3个4厘米宽的缝隙，使鸽头能伸出饮水、吃食和吃保健砂。通道上不能堆放杂物，以免影响小车通过，更不能杂乱无章、不卫生。

四、鸽笼、巢盆与栖架

1. 鸽笼　饲养种鸽用，有多种类型。

（1）群养式种鸽笼　一般在群养式种鸽舍内设置这样的种鸽笼，又称巢房柜或称群养鸽巢箱，可用竹、木、铁丝等材料制成，也可以用砖砌，如图1-5所示。

根据鸽舍的形状与大小不同，群养式种鸽笼规格可以多种多样。一般应设置在鸽舍靠墙有顶的一侧，群养种鸽配对后各自在巢箱内找一个笼位进行繁殖。每一个群养种鸽笼柜分16个小格，每个小格高35厘米、深40厘米、宽35厘米，每两个相邻的小格为一个单

图1-5　群养式种鸽笼

元，中间有一个小门相通，可供一对种鸽利用。

（2）单养式种鸽笼 这种种鸽笼，常用于肉鸽的养殖，完全由铁丝焊接而成，一般每组由3层9个笼组成，层与层之间留一个10厘米的缝隙，在下一层笼的笼顶放置承粪板，承接上一层鸽笼内鸽的粪便。每个笼朝工作道的一侧设置1个笼门，放一对种鸽。种鸽笼规格为60厘米×50厘米×60厘米，或60厘米×60厘米×60厘米。如图1-6所示。

图1-6 单养式种鸽笼

2. **巢盆** 有塑料巢盆，也有陶瓷巢盆，直径25厘米，深度10厘米左右。由于陶瓷比较重，现在很少有人使用陶瓷巢盆，一般都用塑料巢盆。巢盆中铺以棉垫，供种鸽产蛋、孵化之用。

科学养鸽与疾病防治

图 1-7　塑料巢盆

图 1-8　陶瓷巢盆

3. 栖架　有群养鸽的栖架和笼养鸽的栖架。

群养鸽的栖架是用小方木和木条钉制而成的,长2.0~4.0米,宽0.4~0.6米,用铁丝吊在天花板上,离地面1.5~2.0米。木条宽度2.0~2.5厘米,间距25~30厘米。

图 1-9　群养鸽的栖架

第一章 鸽场选择、鸽舍及设备要求

笼养鸽栖架也由木条钉制而成，长度略长于鸽笼的宽度，即52~62厘米，宽度24厘米。第一个作用是把巢盆架起来，第二个作用是种鸽可以在上面栖息。笼养鸽栖架的高度应离笼底30厘米，种鸽站在栖架下和站在栖架上都不会感到压抑。

五、养鸽的其他设备

1. **食槽** 食槽分两种，即群养鸽食槽和笼养鸽食槽。食槽一般用白铁皮打制而成。现在笼养鸽食槽多半是塑料小食槽。铁皮食槽和塑料食槽轻便，便于清洗和消毒。设计食槽时要注意以下几个方面：一是便于鸽采食，二是便于添加饲料，三是减少饲料的浪费。群养鸽食槽一般长100~150厘米、宽12厘米、深7.5厘米。笼养鸽食槽外形，笼养鸽食槽外面是一漏斗，下面是一食槽，挂在笼门上时，漏斗在笼门以外便于加料，食槽2/3伸入笼内方便种鸽采食。漏斗口长10厘米，宽6厘米，深10厘米；下口长10厘米，宽3厘米；食槽长10厘米，宽8厘米，伸入鸽笼5厘米。食槽与漏斗相连，制作时统一下料。

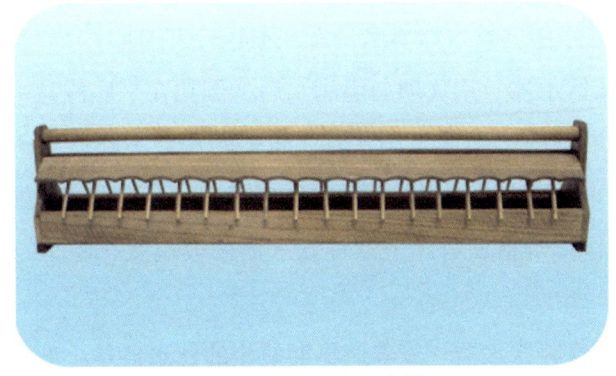

图1-10 群养鸽食槽

2. 饮水器　种类很多，分群养鸽饮水器和笼养鸽饮水器两种。

（1）群养鸽饮水器　又有槽式饮水器、瓦盆饮水器、塑料饮水器和瓶式饮水器等几种。

1）槽式饮水器　可用塑料、水泥、铁皮、南竹等制成。长度根据养鸽量来定，它的一端装有水龙头，拧开水龙头就可以供水，比较方便；另一端有排水活塞，陈水可以在打开活塞后放出去。槽式饮水器又分两种类型，即圆筒式水槽和开口式水槽。前者做成圆筒形，上面留一排饮水口，一个饮水口只能由一只鸽饮水，不容易被羽毛、垃圾弄脏，鸽也不可以在其中洗澡；而开口式的水槽容易被鸽的羽毛、尘土弄脏，有的鸽还会在其中洗澡。

2）瓦盆饮水器　是最原始的，但又是最简单最经济的饮水器，仅在瓦盆外盖上一个伞形罩即可。罩的缝宽以鸽头能自由伸进罩内饮水为宜。这种饮水器不足的地方是每天都需要检查、加水，也不容易保持饮水的清洁卫生。

3）塑料饮水器　由无毒塑料制作而成，轻便且卫生。它由罩和盆两部分组成。它能保证鸽不断地饮到水，鸽的脚踏不进饮水器，粪便和羽毛也不易落入水中。饮水器盛水量大，不必天天加水。

4）瓶式饮水器　用玻璃瓶灌满水后，倒扣在平底浅盆中。瓶口边一些小孔，当盆内水面低于小孔时，瓶中的水会不断流出，盆内一直保持适当深度的水位。也可用陶瓷罐或铁皮罐制成。这种饮水器比较简单，可以自己制作，价格便宜。但这种饮水器的玻璃瓶在冬季鸽舍温度低时容易被冻裂。

（2）笼养鸽饮水器　笼养鸽早期使用的饮水器是小型搪瓷杯，之后规模养鸽场为了降低投资，使用塑料杯式饮水器。目前规模养鸽场大多

第一章　鸽场选择、鸽舍及设备要求

使用的是自动饮水器。自动饮水器是在一个自动控制水碗重量的部件中安装一个弹簧，当水碗中水少的时候，水碗被弹簧拉起呈45度角，这时自动饮水器中流出水；当水量到一定量时，水碗处于平置状态，水又停止外流。这种饮水器不管养多少鸽都不用饲养员加水，可节省大量的劳动力。

图1-11　塑料饮水器

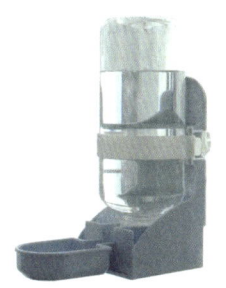
图1-12　瓶式饮水器

3. 澡盆　澡盆可以用大的塑料盆，也可以用铁皮制作的盆，还可用水泥槽、木槽；式样也可以多样，如圆形的、方形的或长方形的（如图1-13）。重要的是不能让鸽喝洗澡水，因此洗澡水放进澡盆0.5~2小时后必须倒掉。

图1-13　圆形、长方形澡盆

4. 保健砂容器　鸽用的保健砂又称盐土，是鸽生存不可缺少的配制品。盛放保健砂的容器多种多样，有小塑料杯、搪瓷杯、木制小盒，制作保健砂的容器不能用金属制作,因为金属与保健砂长期接触会发生化学反应。群养鸽保健砂容器最好有盖,以防日晒雨淋或羽毛、灰尘等脏物混进保健砂中。笼养鸽常用保健砂杯,群养鸽应用保健砂箱,其深度不能太深,也不能太浅,一般5~10厘米比较合适。

群养鸽保健砂容器应放在运动场(飞棚)内,便于检查和操作装置,并避免脏物从栖架等处掉入保健砂容器中。如果放在鸽舍内,要放得高一些,防止地面脏物进入。笼养鸽的保健砂杯应挂在鸽笼门上。

5. 捕鸽网罩 群养青年鸽配对、接种疫苗和青年种鸽出售都要对鸽进行捕捉,这时就要用捕捉工具。常用的捕鸽工具是网罩。网罩制作也比较简单,先用8号铁丝弯成直径30厘米的圆环,再装上尼龙网袋。弯铁丝环时还要留一段铁丝,此段铁丝应与圆环垂直,把这段铁丝柄固定在长1.5~2.0米的竹竿或木杆上,其形状如图1-14所示。

图1-14 捕鸽网罩

6. 鸽运输笼 可分为种鸽运输笼和商品鸽运输笼。

(1)种鸽运输笼 一般用铁丝制成或用塑料制成,既轻便又便于清洗和消毒。规格为75厘米×54厘米×25厘米。笼门在顶部,大小为24厘米×32厘米,每个笼装15对种鸽,便于搬运和计算数量。

第一章 鸽场选择、鸽舍及设备要求

（2）商品鸽运输笼　多由铁丝或塑料制成，种类较多，大小不一。有小提式的，有二人抬式的；小提式的装乳鸽10只左右，大型运输笼装20~40只。要求运输笼轻便、牢固，使鸽在运输时比较舒适。

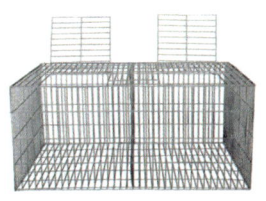 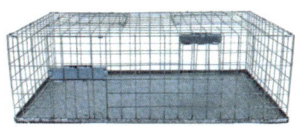

图 1-15　种鸽运输笼　　　　　图 1-16　商品鸽运输笼

7. 乳鸽育肥床　该设备是乳鸽进行人工哺育时所需要的，传统养鸽法不需要这种设备。育肥床设计原则应便于人工喂鸽，床底离地面70厘米，长度根据需要而定，育肥床要分成若干格，每格的长度以80~100厘米为宜，育肥床宽度为65~70厘米，四边高度为25~30厘米，饲养密度按每平方米40~50只。

8. 灌喂设备　灌喂器种类很多，有脚踏式灌喂机、气筒式灌喂器、吊桶式灌喂器，还有胶罐式灌喂器、吸球式灌喂器等，可以根据生产规模和乳鸽的不同阶段进行选用。

（1）脚踏式灌喂机　是根据填鸭填喂机改装而成的。该机所用材料必须是不锈钢的才能适用于填鸽；否则，生锈产生的氧化物会影响乳鸽的健康，灌喂机也容易失灵，难以正常使用。用这种灌喂机灌喂乳鸽，操作方便，可以双人灌喂，也可以单人灌喂，特点是速度快，喂料量平均、准确。凡采用高效养鸽法的大、中、小鸽场都适合采用该灌喂机。

（2）气筒式灌喂器　该灌喂器是用消毒用的小型塑料喷雾器改装而成，容量较小，每抽一次料仅喂2~3只乳鸽，还需两人操作，仅供小型养鸽场和养鸽大户使用。

（3）吊桶式灌喂器　即用漏斗或吊桶1只，下面接长1米左右的胶管，吊于能水平滑动的钢丝上，用夹子夹住出口处，控制出料。吊桶式灌喂器结构简单，容量较大，也适用于大、中型养鸽场人工抚育乳鸽。

（4）胶罐式灌喂器　这种灌喂器多数用洗洁精的胶罐改装而成。先将洗洁精罐洗干净，在罐口套上合适的软塞和软胶管，喂乳鸽时先装入乳鸽料，盖上软塞后立即灌喂。其优点是胶管易得，制作方便。但装料1次只能喂3~5只鸽，仅适用于小型肉鸽场。

图1-17　吊桶式灌喂器

（5）吸球式灌喂器　吸球比较好买，制作容易。使用时可选用几种不同规格的吸球，乳鸽10日龄以内用小吸球，11~15日龄的用中吸球，16日龄以上的用大吸球。操作时用手抓住吸球，插入配好的乳鸽料中，用手握球收缩球体排出球内的空气，然后放松时就将乳鸽料吸入球中，将尖头口放入乳鸽食道，再用手握住吸球将乳鸽料排出进入乳鸽嗉囊中，每喂1只乳鸽就吸1次，操作方便，速度快，适用于大、中、小型养鸽场。

第二章 肉鸽高效饲养管理技术

一、肉鸽的营养与饲料要求

要想使肉鸽生长发育正常,种鸽发挥其生产潜力,乳鸽发挥出生产潜能,就必须了解肉鸽所需要的各种营养物质的作用,尽量供给营养成分较全的饲料和保健砂。肉鸽的营养物质包括碳水化合物、蛋白质、脂肪、维生素、矿物质和水。

1. **碳水化合物**　是能量饲料,肉鸽身体所需要的能量来源主要是碳水化合物,其次是脂肪和蛋白质。鸽的一切生理活动过程,如运动、呼吸、循环、神经活动、繁殖、吸收、排泄、体温调节等都需要能量。饲料中的营养物质进入鸽体,经消化、代谢分解,大部分转变成各种形式的能量。这些能量除一部分以热量形式散失,其余用来满足维持生命活动和产肉、产蛋的需要。

肉鸽对能量的需要可以分为维持需要和生产需要两大部分。维持需要包括基础代谢和非生产活动的能量需要。鸽采食的饲料能量大部分消耗在维持需要上。如果能设法降低维持需要的能量,就能以更多的能量用于生产。基础代谢的能量需要与肉鸽体重关系密切。鸽的体重愈大,单位重量所需要的维持热能就愈少。非生产活动需要的能量,与鸽的饲养方式、品种特征有关。在饲养方式方面,笼养鸽的活动受到限制,因此非生产性活动消耗的能量就比散养鸽少。产蛋多的种鸽,消耗与维持

需要的能量就大，每单位体重的饲料消耗比产蛋少的种鸽要多些。环境温度与维持能量的需要量也有关系，环境温度低时，肉鸽身体基础代谢就会加快，以产生足够的热量来维持正常的体温，因此低温环境中比适宜温度环境中维持需要的能量要多。肉鸽温度适宜（15~25℃）时所产生的热量最低，在低温时产生的热量最高，需要大量的饲料来维持体温。

生产的能量需要与肉鸽的生产性能高低有密切关系。生长期的鸽其体内沉积脂肪随年龄增加而增加，因而每单位体重需要的能量也增加。产蛋多的母鸽或哺育期的母鸽，所需要的能量也多。

肉鸽身体所需要的能量来源于碳水化合物、脂肪和蛋白质三大营养物质，而日粮中的碳水化合物、脂肪是能量的主要来源，蛋白质是在合成肌蛋白、酶类等身体必需物质多余时才分解产生热量。碳水化合物是淀粉、糖类、纤维素的总称。在饲料成分中，淀粉是鸽最经济的热量来源。能量饲料有玉米、小麦、大麦、高粱、稻谷、小谷子等。它们的干物质中蛋白质、纤维的含量低于20%，碳水化合物含量达40%以上，所以称能量饲料。

肉鸽的日粮中纤维素的含量不能过大，因鸽没有消化纤维素的特殊部位，对纤维素的消化率低；但是，日粮中纤维素含量过低时会导致鸽肠蠕动不充分。脂肪的发热量是碳水化合物的2.25倍，但从价格上考虑，不宜作为饲料的能量来源。日粮中能量与蛋白质都应有适宜的比例，日粮中能量高，鸽采食量就少，日粮中的蛋白质和其他营养物质含量就得相应提高；如果日粮能量低，鸽采食量就多，日粮中的蛋白质及其他营养物质含量也就应该适当减少。

2. **蛋白质** 是生命活动的重要物质，是肉鸽肌肉、组织、消化酶、鸽蛋的主要成分。例如，鸽身体的肌肉、皮肤、羽毛、体液、神经、内脏器官以及酶、激素、抗体等，均含有大量蛋白质。鸽在生长发育、新陈代谢、繁殖后代的过程中，都需要大量蛋白质来满足细胞组织更新、组织修补的需要。蛋白质的作用不能用其他物质代替。脂肪和碳水化合物都缺少蛋白质的氮元素，因而在营养功能上不能代替蛋白质的功能。

图 2-1 蛋白质饲料

饲料蛋白质的营养价值主要决定于氨基酸的组成。蛋白质由 20 种以上的氨基酸构成。其中有相当一部分在鸽体内就能合成，不一定从饲料中索取，这一类氨基酸称非必需氨基酸；另一类氨基酸则不能在鸽体内自行合成，必须从饲料中消化索取，则称之为必需氨基酸。必需氨基酸又可以分为两大类，一类是饲料中含量较多，为鸽体所必需，基本满足鸽的需要；另一类在饲料中含量较少，不容易满足鸽的营养需要，称为限制性氨基酸。

日粮中蛋白质和氨基酸含量不足时，生长鸽生长缓慢、食欲减退、羽毛生长不良、性成熟晚、产蛋量少、蛋重量减轻，雏鸽瘦。蛋白质和

氨基酸严重缺乏时，鸽采食停止，体重下降，卵巢萎缩。所以，要维持鸽的生命活动，保证鸽正常生长，种鸽正常产蛋，就必须供给充足的蛋白质和氨基酸。饲料中由于饲料原料种类不同，蛋白质的含量也不相同；同等量的蛋白质，由于其品质不同，氨基酸含量也不相同。大豆、绿豆、豌豆、豇豆、红小豆等豆科植物的籽实蛋白质含量高，它们的干物质中纤维素含量低于18%，精蛋白含量等于或大于20%被称为蛋白饲料。蛋白饲料在配制日粮时也不能单一，必须是几种原料搭配使用，这样饲料蛋白中的氨基酸含量可以互补，可使饲料营养价值明显提高。因此，在为肉鸽配制日粮时，要选用多种饲料，其中一点就是保证日粮中氨基酸的含量平衡，提高蛋白质的利用率。但是日粮中蛋白质含量过高，不但不会有良好的饲养效果，反而会使鸽排的尿酸盐增多，造成肾脏功能受损，严重时在肾脏、输尿管或身体其他部位有大量尿盐沉积，使鸽出现痛风，甚至死亡。

如能量部分介绍的那样，鸽的饲料中能量含量水平决定于鸽采食量的大小，根据这一原则，若要决定蛋白质的需要量，首先要明确日粮的能量水平，准确掌握鸽每日的采食量，然后才能确定日粮中每单位能量的蛋白质和氨基酸的需要量。

3. 脂肪 是由碳、氢、氧三种元素组成的有机化合物，广泛存在于动物体和植物体中，是构成机体的重要成分。脂肪包括油脂与类脂。油脂由甘油和脂肪酸构成，可分为两大类，一般情况下，呈液体状的为油，如大豆油、芝麻油、菜籽油等；呈固体状的为脂，如猪油、牛油、羊油等。类脂包括磷脂、糖脂、胆固醇。

鸽饲料中，脂肪含量变化大，大豆、芝麻、火麻仁等饲料，含油量高，而禾本科植物的种子含油量就低。

脂肪的营养功能有以下几个方面：

（1）脂肪是生长和修补组织的原料　脂肪是鸽细胞的一个重要组成成分。细胞核、细胞质都是由蛋白质和脂肪结合而成复杂的脂蛋白组成的一切机体组织均含有脂肪。因此，肉鸽生长发育、修补组织都离不开脂肪。

图2-2　脂肪饲料大豆、芝麻、火麻仁

（2）脂肪是鸽体内分泌和消化液的原料　动物体内的胆固醇是构成维生素D和类固醇类激素的原料，胆汁中的牛磺酸也是由胆固醇参与合成的，胆固醇是脂类的一种。

（3）脂肪是脂溶性维生素的溶剂　脂肪是维生素A、维生素D、维生素E、维生素K等脂溶性维生素的有机溶剂，这些维生素的吸收、输送及被鸽体利用，都是靠溶于脂肪中进行的。

脂肪中的脂肪酸有两大类，即饱和脂肪酸和不饱和脂肪酸，饱和脂肪酸不易被消化吸收，因而利用率低；不饱和脂肪酸易消化吸收，因而利用率高。肉鸽肉内脂肪含量低，存在的不饱和脂肪酸含量高，所以肉的品质好。肉鸽对脂肪的需求量不高，按照饲料配方配制的饲料都能满

足要求。饲料中脂肪含量过高,肉鸽肠系膜上、腹腔内脂肪积累多,影响产蛋率;饲料中脂肪含量低时,会造成体质差、繁殖力下降。

4. 维生素　肉鸽对维生素的需求量很小,但维生素对鸽体内物质代谢起着重要的调节作用。鸽消化道内微生物少,大多数维生素不能在鸽体内合成,少数维生素种类虽能在鸽体内合成,但不能满足鸽的需要,必须从饲料中摄取。维生素是一组化学结构不同、营养作用不同、生理作用不同的化合物。它们既不是鸽体的组成部分,也不能供给鸽体能量,但它们是鸽体新陈代谢不可缺少的一类微量的有机物质。

肉鸽日粮中容易缺乏的是维生素A、维生素D_3、维生素B_1、维生素B_2、维生素B_{12}、维生素E、维生素K。

(1)维生素A　与肉鸽的生长、繁殖有密切关系,对保持鸽的视力、黏膜的健全有重要作用。维生素A能加强上皮细胞增生和上皮组织形成,维持上皮细胞和神经细胞的正常功能,保持视觉正常,增强机体抵抗力并促进生长。缺乏时乳鸽容易出现眼炎或失明,生长发育迟缓,体质衰弱,共济失调,羽毛蓬乱的症状。如不及时补充,会出现眼鼻发炎,眼睑肿胀等疾病。种鸽不能正常繁殖,视力减退,黏膜抵抗力下降,严重时会引起死亡。维生素A在鱼肝油中含量丰富,青绿饲料、黄玉米和粟子中含有的胡萝卜素能在鸽体中转化为维生素A。发现缺乏维生素A的症状后,可每只病鸽滴喂鱼肝油1~2滴。但维生素A易被阳光、热、酸、氧化等因素破坏,要现用现配制。

(2)维生素D　在鸽体内参与骨骼、蛋壳的形成和钙、磷的代谢,能促进肠对钙、磷的吸收。缺乏时会导致乳鸽生长发育不良,羽毛松散、啄、爪变软、变弯,胸骨弯曲,胸部内陷,腿骨变形。母鸽产软蛋或蛋壳薄、蛋重减轻,都是维生素D缺乏,钙、磷代谢失调造成的。鸽皮下的7—

脱氢胆固醇在紫外线照射的情况下会缺乏维生素D,必须在保健砂中添加。鱼肝油含有丰富的维生素D。

(3) 维生素E　维生素E为抗氧化剂、代谢调节剂,对消化道和鸽体组织中的维生素A有保护作用,与鸽的生殖功能有关。缺乏维生素E时,睾丸退化变性,生殖功能减退;母鸽产的蛋孵化率低,胚胎常在4~7天时死亡。青绿饲料、各种谷物类饲料和油料作物籽实的胚中都含有丰富的维生素E。

(4) 维生素K　是鸽维持正常凝血所必需的物质,缺乏时容易出血,且不易凝血,死前呈蹲坐姿势。出壳的雏鸽易患出血病。各种青绿饲料均含有丰富的维生素K。

(5) 维生素B_1　也称硫胺素。其功能是参与鸽体内的碳水化合物代谢,有开胃助消化作用。维生素B_1缺乏时,乳鸽生长发育不良,食欲减退,消化不良,发生痉挛,严重时发生瘫痪,卧伏不起。糠麸、青饲料、胚芽、草粉、发酵饲料中含有丰富的维生素B_1。

(6) 维生素B_2　也称核黄素。其对鸽体内氧化还原、调节细胞呼吸起着重要作用,能提高饲料的利用率。维生素B_2是鸽较容易缺乏的一种物质。缺乏维生素B_2时,乳鸽生长缓慢,足趾向内弯曲,皮肤干糙、种蛋孵化率降低、胚胎死亡。维生素B_2在青饲料、草粉、米糠、小麦中含量较高。

(7) 维生素B_{12}　参与物质核酸合成、甲基合成、碳水化合物代谢、脂肪代谢以及与维持血液中谷胱甘肽有关。缺乏维生素B_{12}时,乳鸽生长发育缓慢,贫血,饲料利用率低,食欲衰退。

(8) 泛酸　与碳水化合物、蛋白质和脂肪三大类营养物质代谢有关。缺乏时出现皮炎、口有局限性损伤、生长受阻、羽毛粗糙、骨短粗、种蛋孵化率低的现象。泛酸与饲料混合时易被破坏，故常用钠盐作添加剂。酵母、青饲料、小麦中泛酸含量较高。

（9）烟酸　是鸽体内某些酶的主要成分，对碳水化合物、脂肪、蛋白质代谢起重要的作用。缺乏时食欲减退、生长缓慢、羽毛生长不良，种蛋孵化率低，胚胎死亡。饲料中大多含有烟酸，但籽实类和它们的副产品中的烟酸大多不能被利用。

在生产中，各种维生素的配合量为：维生素 A 100 万国际单位、维生素 E 2.5 克、维生素 B_1 2.5 克、维生素 B_2 3.0 克、维生素 B_{12} 4.0 克、维生素 K_3 1.0 克、烟酸 5.0 克、右旋泛酸钠 3.0 克。以上配方配制的鸽用复合维生素，每吨鸽饲料要添加 100 克。

5. 矿物质　鸽体内存在各种无机盐，主要有钙、磷、钾、钠、氯、铁、铜、钴、锰、锌、碘、硫、镁、硒等元素。矿物质是保证鸽体健康、幼鸽生长和种鸽产蛋、分泌鸽乳的必需物质。在鸽体内是调节渗透压，保持酸碱平衡和促进酸的活性的很重要的物质。矿物质又是骨骼、蛋壳、血红蛋白、甲状腺素的重要成分。

图 2-3　矿物质饲料

第二章　肉鸽高效饲养管理技术

矿物质喂量要适当，特别是笼养鸽或不放出棚的鸽更要注意补充。但是喂量过多时，又会引起营养成分之间的不平衡，甚至发生中毒现象。

（1）钙　在骨骼和蛋壳中含量很高，鸽体对钙的需要量也很多。钙对凝血以及与钠、钾在一起保持正常心脏功能都是必需的。缺钙的幼龄鸽易患软骨病，母鸽缺钙时产软壳蛋或蛋皮变薄，产蛋量减少。钙摄入量过高时，又会影响乳鸽的生长发育和对锰、镁、锌元素的吸收．鸽的采食量也减少。钙在一般谷物饲料中含量很少，必须注意补充。常用的产品有贝粉、石膏、陈石灰、骨粉。

（2）磷　能促进骨骼的形成，鸽的脏器和组织含磷也较多。磷在碳水化合和脂肪代谢中起着重要作用，并参与细胞成分的组成和维持机体酸碱平衡。缺磷的鸽会出现食欲下降、生长缓慢，严重时骨脆易折，关节硬化的症状。磷的主要来源为矿物质、糠麸。

在饲养肉鸽时，在注意满足钙和磷的需要外，还要按饲养标准注意钙、磷的正常比例，适当的钙、磷比例有利于钙、磷的正常利用，保持血液中性。一般情况下钙、磷比例以 1.1∶1～1.5∶1 为宜。

（3）食盐　在鸽体生理生化活动中起重要作用。血液、体液、胃液中氯化钠含量较高。氯化钠是鸽体内水分代谢和更新机体组织所不可缺少的物质。氯化钠可控制体液的浓度和酸碱度（pH 值），刺激胃液分泌，有助于消化。一般食盐在保健砂中含量为 4%。保健砂中含盐量不足会导致鸽的食欲减退、消化不良、生长缓慢。食盐中毒表现为饮水增加、站立不稳、水肿、飞行无力、肌肉痉挛，甚至死亡。

（4）锰　在鸽的生长发育、骨骼生长繁殖中起重要作用，乳鸽缺乏锰元素，骨骼发育不好，体重增加缓慢，生长受阻。种鸽缺锰时产蛋率和孵化率下降。但锰在饲料中添加过量也会影响钙、磷的吸收和利用，

还会造成贫血。肉鸽单靠饲料中的锰是不足的,必须额外补充。

(5)锌 合理添加锌有助于锰和铜的吸收。锌参与酶系统的生理活动,也与骨骼和羽毛的生成有关。幼龄鸽锌缺乏时食欲减退或废绝,生长发育受阻。母鸽缺锌时产软壳蛋,死胚率增加。锌过量时,影响铜和铁的吸收,生长发育受阻,糠麸含锌较多。

(6)铁 与红细胞生成有关,是各种氧化酶的成分,参与血液中气的运输和细胞生物氧化过程。鸽缺铁会出现营养性贫血,羽毛色素形成不良。铁过量会影响鸽的采食量,体重减轻,并影响磷的吸收。谷物、豆类含铁量较高。

(7)铜 是酶的成分,与酶的活性有关。铜的存在有利于铁的吸收和血红蛋白的形成。幼鸽缺铜也会出现贫血、骨质松软、生长发育不良。铜使用过量也会影响幼鸽生长发育,并出现溶血症。一般饲料中铜的含量不多,需要额外供应。

(8)碘 是酶的活性元素,能维持甲状腺正常功能。碘缺乏时引起甲状腺肿大,鸽体重下降,胚胎在孵化后期死亡。碘需要额外补充。

鸽饲料矿物质添加剂的配方:碳酸钙18 350份、磷酸氢钙6 250份、硫酸亚铁75份、硫酸铜17.5份、硫酸锰212.5份、硫酸锌92.5份、氯化钴1.5份、碘化钾1份。将上述物质粉碎过120目的筛网,充分混合后备用,按饲料总量的2%加入,即可防止矿物质缺乏。

6. 水 是构成鸽体、鸽蛋的主要成分。水在鸽体内的营养物质消化吸收、代谢产物的排出、维持体内的酸碱平衡、维持体内的渗透压、调节体温、血液循环等功能活动中均起到重要作用。缺水的后果比缺饲料的后果严重,轻则引起吸收不良,血液浓稠,体温升高,生长发育受阻;重则引起中毒,甚至死亡。鸽有正常的饮水量,每只每日饮水量30~70毫升。

不同鸽种、不同季节、不同气候条件饮水量各不相同,平时根据饮水量变化,可以观察到鸽群的健康状况。因此,鸽场内必须不断地供给鸽清洁的饮水。鸽在不同的生长阶段有不同的饮水量,如在哺育乳鸽时,公、母鸽的需水量比平时会增大2~3倍。

鸽场的饮水质量标准应有一定的要求。水质好坏是依据水中含有无机盐、酸碱度、硝酸盐、亚硝酸盐类以及大肠杆菌的数量来确定的,评定水质好坏时按以下标准。

(1)细菌　一般要求100毫升水中大肠杆菌的数量不超过5000个,超过即认为被污染。发现水污染或可疑水污染时,可在饮水中加入0.1‰的氯消毒处理。

(2)酸碱度(pH值)　正常情况下鸽饮用水pH值为6.8~7.5,最大的安全范围pH值为6~9。

(3)钠　在鸽饮水中正常浓度为23×10^{-6}毫克/升,钠浓度过高时有利尿作用,鸽拉稀粪表明水源受水软化剂所污染。当饮水中硫酸盐含量达500×10^{-6}毫克/升时或者氯化物含量在14×10^{-6}毫克/升时,钠的浓度能达到50×10^{-6}毫克/升,就会影响鸽的生长进度。

(4)硫酸盐　硫酸盐的浓度在125×10^{-6}毫克/升时为正常,浓度超过250×10^{-6}毫克/升时有轻泻作用。

(5)氯化物　饮水中氯化物正常含量为14×10^{-6}毫克/升,浓度在25×10^{-6}毫克/升时,对鸽的生产成绩并无大的影响;浓度超过250×10^{-6}毫克/升时会引起代谢障碍。

(6)碳酸氢盐　饮水中碳酸氢盐浓度在98×10^{-6}毫克/升时,对鸽生产成绩不产生影响;否则,影响体液酸碱度。

(7)硝酸盐　正常情况下水的硝酸盐浓度为$6.8 \times 10^{-6} \sim 7.5 \times 10^{-6}$毫

克/升,浓度在 3×10^{-6}~20×10^{-6} 毫克/升时对鸽都不会造成不良影响,超过 20×10^{-6} 毫克/升时会明显影响生产成绩。

(8)亚硝酸盐　在饮水中亚硝酸盐浓度在 0.4×10^{-6} 毫克/升属于正常。超过 4×10^{-6} 毫克/升时说明水源被蛋白质组成的有机物所污染,这种水对鸽有毒副作用。

凡是新建鸽场不能利用有国家质量标准的自来水时,都必须对水源进行测定,达不到以上标准时应作无害处理。

二、饲养肉鸽常用的饲料

肉鸽饲养中所用的饲料按所含的营养成分和用途,可以分为能量饲料、蛋白饲料、矿物质饲料和维生素饲料。

1. 能量饲料　主要为肉鸽提供能量,这一类饲料干物质中碳水化合物占71.6%~80.8%,其中淀粉的含量为82%~90%,消化率很高。其粗纤维含量低,一般占干物质的6%以下;粗蛋白占干物质的10%左右,蛋白质品质不高,氨基酸组成不平衡,色氨酸、赖氨酸含量低,生物学价值低,一般为50%~70%;脂肪含量低,一般占干物质总量的2%~5%;无机盐中钙的含量低,在1%以下,而磷的含量高于钙,有相当一部分属于不易吸收的植酸盐。这一类饲料含有丰富的B族维生素和维生素E,但缺乏维生素A和维生素D。这一类饲料适口性好,主要用于供给鸽体内的热量。

(1)玉米　玉米富含碳水化合物,主要是淀粉,因而含能量较高,每千克含代谢能14.0兆焦;纤维素含量低,只有2%。适口性强,鸽喜欢采食。粗脂肪含量约占3.5%,含蛋白质8.6%,但氨基酸含量不平衡,缺乏色氨酸和赖氨酸,且蛋白质品质差。玉米含钙量只有 0.04%,因此不能单独使用玉米喂鸽,应与蛋白质饲料搭配使用。黄玉米含胡萝卜素和叶黄素较多。

(2)稻谷　稻谷的代谢能低于玉米和小麦,每千克含代谢能 10.7 兆焦,含粗脂肪 1.5% 左右、蛋白质 8.3% 左右。粗纤维含量较高,达到 8.5%。稻谷是我国南方常用的饲料,稻谷去壳后为糙米。糙米的粗蛋白、代谢能、蛋氨酸和赖氨酸等含量都接近玉米,但胡萝卜素含量很低。糙米含纤维素较少,占 0.7%。每千克含代谢能为 14.0 兆焦,脂肪含量为 2%,蛋白质含量为 8.8%。糙米营养成分较高,适口性也强,各阶段的鸽都能食用。糙米再加工成为白米,其蛋白质和 B 族维生素含量相应减少,因此,大米精度愈高,喂鸽的效果就愈差。

图 2-4　能量饲料玉米、小麦等

(3)小米　营养价值较高,每千克含代谢能 14.1 兆焦,粗蛋白含量为 8.9%,粗脂肪含量为 2.7%,粗纤维含量为 1.3%。黄色小米含有较多的胡萝卜素。

(4)高粱　高粱的营养价值与玉米相似,每千克含代谢能 12.7 兆焦,粗蛋白含量为 8.7%,粗脂肪含量为 3.3%,粗纤维为 2.2%。高粱去皮后为高粱米,代谢能低于玉米,蛋白质含量亦低。高粱中含有鞣酸,适口

性差,用量大了容易引起便秘,应与其他谷物类饲料搭配使用。

(5)小麦 小麦含热能高,每千克含代谢能12.9兆焦,蛋白质含量为12.1%,氨基酸比例也比其他谷物类组成合理,B族维生素含量比较丰富,是鸽良好的能量饲料。含粗纤维2.7%。小麦除营养价值较高外,其适口性、耐储存性都较好。但小麦用量大时有轻泻作用,所以用量要适当,并与其他谷物类搭配使用。

(6)大麦 比小麦的能量低,每千克代谢能11.1兆焦,粗蛋白含量为10.8%,粗脂肪含量为2.0%,粗纤维含量较高(占4.7%左右),大麦也是鸽优良的能量饲料。

2. **蛋白饲料** 分植物性蛋白饲料和动物性蛋白饲料两大类。传统养鸽一般使用原粮,用的是植物性蛋白性饲料。高效养鸽技术采用全价配合颗粒饲料时,可使用小部分动物性蛋白饲料。

(1)植物性蛋白饲料 常用的是豆科植物籽实,有豌豆、蚕豆、绿豆、黑豆等。这类饲料的共同特点是蛋白质含量丰富,可以达到20%~40%,而且蛋白质的品质好。主要表现在植物蛋白质中最缺乏的限制因素之一——赖氨酸含量占1.7%~3%;粗纤维含量一般禾本科植物籽实高达5.2%~8.7%,无氮浸出物较禾本科植物籽实低,只有28%~62%;所含无机盐中磷多于钙,但缺乏胡萝卜素。这类饲料可用于补充蛋白质,是养鸽所需要的蛋白质的主要来源,鸽饲料中必须保证供应。蛋白质含量和脂肪含量很高的豆科植物籽实,如大豆、黑豆,分别含蛋白质37%和36%,含脂肪16.2%和14.5%,不宜过多用于喂鸽,以免引起其消化不良或下痢。

1)豌豆 代谢能含量比能量饲料低,每千克含代谢能11.4兆焦;蛋白质含量较高,可达22.6%;粗脂肪含量为1.5%;粗纤维含量稍高于能量饲料，在 5.9% 左右。蛋白质中胱氨酸含量较高，是养鸽最常用的蛋白质饲料。

2）蚕豆　含代谢能偏低，每千克含代谢能 10.8 兆焦；粗蛋白质含量为 24.9%；粗脂肪含量为 1.4%；粗纤维含量比一般植物性蛋白质要高一些，占干物质总量的 7.5%。蚕豆作为鸽的植物性蛋白质饲料多见于南方地区，因颗粒比较大，食物常被打成瓣。

3）绿豆　蛋白质含量较高，占干物质总量的 23.1%，粗脂肪含量为 1.1%，粗纤维含量为 4.7%。绿豆因产量不高、价格较高，在养鸽生产中很少有人使用。

图 2-5　植物性蛋白饲料黑豆、绿豆、蚕豆等

4）黑豆　营养价值较高，代谢能为 17 兆焦/千克，粗蛋白质含量为 13.1%，粗脂肪含量为 12.9%，粗纤维含量为 5.7%。养鸽中也是不常用的。

此外，植物性蛋白质中还有很多饼粕，如豆饼（粕）、花生饼（粕）、棉籽饼（粕）、菜籽饼（粕）和葵花子饼等。这些饼粕常作为配合饲料的原料。鸽配制全价颗粒饲料时，也可以使用饼粕类蛋白饲料。

（2）动物性蛋白饲料　蛋白质含量高、品质好，所含氨基酸的种类

比较全面,如赖氨酸和色氨酸在动物性蛋白中含量都很丰富,因此生物学效价很高,常在全价配合饲料中少量添加,与植物性蛋白氨基酸互补。动物性蛋白消化率高,含有较多的钙、磷,而且比例合理。但因动物性蛋白产品价格都比较贵,养鸽生产一般不用,配制全价配合饲料中所占比例也只有2%~3%。动物性蛋白饲料有鱼粉、肉骨粉、血粉、羽毛蛋白粉等。

3. 矿物质饲料 用于补充饲料中无机盐不足的饲料称矿物质饲料。常用于养鸽的矿物质饲料有食盐、骨粉、贝壳粉、碳酸氢钙、石灰石、碳酸钙等,主要补充钠、氯、钙、磷等元素。

(1) 食盐 肉鸽以食植物性饲料为主,由于植物性饲料的钠和氯含量较低,为维持鸽的生理平衡,必须给其补充食盐。

(2) 贝壳粉、石灰石粉 贝壳粉含钙高,是肉鸽良好的钙来源。石灰石粉也称石粉,为天然碳酸钙,是肉鸽补充钙最廉价的无机盐添加剂。

(3) 骨粉、磷酸钙 含有丰富的钙和磷,主要用于补充饲料中钙和磷的不足。骨粉由于加工方法不同,含磷、钙量也有差异,但都是钙含量比磷含量高。

4. 维生素饲料 用于补充肉鸽饲料中维生素的不足,有两大方面的来源:一是来自青饲料、多汁饲料及青干草粉等;二是来自维生素添加剂。

(1) 来自青饲料和多汁饲料

1) 青菜类 小白菜、包菜、大白菜、菠菜、生菜以及无毒的野菜等都可以用来喂鸽,补充其维生素。

2) 胡萝卜 含有丰富的胡萝卜素且容易储藏,是鸽补充维生素的好饲料。

3) 青干草 苜蓿草粉、艾叶粉、刺槐叶粉,以及其他许多青干草粉

都含有多种维生素,常混入配合饲料中使用。

图 2-6 维生素类饲料

（2）维生素添加剂　有单一维生素添加剂产品,如维生素 E、维生素 K、维生素 A 等;也有复合维生素,如维生素 AD、复合维生素 B;还有包括所有维生素在内的复合维生素(包括维生素 A、维生素 C、维生素 D、维生素 E、维生素 K、维生素 B_1、维生素 B_2、维生素 B_6、维生素 B_{12}、B_3、B_5、B_9 等)。

维生素很不稳定,在光、热、潮湿,以及在微量元素、酸败脂肪混合的条件下,很容易氧化变质或失效。为了减少损失,维生素饲料添加剂应在干燥、避光或阴凉的地方保存。

维生素在饲料中添加量除依据饲养标准规定的数量外,还应考虑日粮组成和应激条件,因此,在配合饲料中维生素的含量往往需要饲养标准规定的 1 倍以上。

5. 肉鸽饲料营养成分　肉鸽常用饲料营养成分如表 2-1 所示。

表 2-1　肉鸽常用饲料营养成分表

饲料	营养				
	粗蛋白 /%	粗脂肪 /%	粗纤维 /%	无氮浸出物 /%	钙 /%
玉米	8.6	3.5	2.0	72.9	0.04
大麦	10.8	2.0	4.7	68.1	0.12
小麦	12.1	1.8	2.4	73.2	0.07
高粱	8.7	3.3	2.2	72.9	0.09
稻谷	8.3	1.5	8.5	67.5	0.07
糙米	8.8	2.0	0.7	74.2	0.04
碎大米	8.8	2.2	1.1	74.3	0.04
裸大麦	12.0	1.8	2.5	69.4	0.08
粟	9.7	2.6	7.4	67.1	0.06
小米	8.9	2.7	1.3	72.5	0.05
燕麦	11.6	5.2	8.9	60.7	0.15
大豆	37.0	16.0	5.1	25.1	0.27
黑豆	37.0	14.5	6.7	26.4	0.24
豌豆	22.0	1.5	5.9	55.1	0.13
蚕豆	24.9	1.4	7.5	50.4	0.15
豆饼（机榨）	43.0	5.4	5.7	30.6	0.32
豆粕（浸提）	47.2	1.1	5.4	32.6	0.32
黑豆饼（机榨）	39.8	4.9	6.9	29.7	0.42
菜籽饼（机榨）	36.4	7.8	10.7	29.8	0.73
菜籽粕（浸提）	38.5	1.4	11.8	32.8	0.79
棉籽饼（带部分壳）	33.8	6.0	15.1	31.2	0.31

成分									
总磷/%	有效磷/%	赖氨酸/%	蛋氨酸/%	胱氨酸/%	色氨酸/%	苏氨酸/%	异亮氨酸/%	组氨酸/%	缬氨酸/%
0.21	0.06	0.27	0.13	0.8	0.08	0.31	0.29	0.24	0.46
0.29	0.09	0.37	0.13	0.22	0.10	0.36	0.37	0.28	0.55
0.36	0.12	0.33	0.14	0.30	0.14	0.34	0.46	0.27	0.57
0.28	0.08	0.22	0.08	0.12	0.08	0.25	0.24	0.17	0.36
0.28	0.08	0.31	0.10	0.12	0.09	0.28	0.29	0.17	0.47
0.25	0.08	0.29	0.14	0.14	0.12	0.28	0.30	0.17	0.49
0.23	0.07	0.34	0.18	0.18	0.12	0.29	0.32	0.19	0.46
0.31	0.09	0.47	0.13	0.22	0.13	0.48	0.49	0.29	0.47
0.26	0.08	0.18	0.22	0.18	0.17	0.29	0.30	0.16	0.52
0.32	0.10	0.15	0.26	0.21	0.20	0.34	0.42	0.20	0.55
0.33	0.10	0.40	0.20	0.17	0.15	0.47	0.43	0.25	0.63
0.48	0.14	2.30	0.40	0.55	0.40	1.41	1.77	0.94	1.80
0.48	0.14	2.18	0.37	0.55	0.43	1.49	1.69	0.30	1.72
0.39	0.12	1.61	0.10	0.46	0.18	0.93	0.85	0.69	0.99
0.40	—	1.66	0.12	0.52	0.21	0.94	1.01	0.64	1.18
0.50	0.24	2.45	0.48	0.60	0.60	1.74	1.97	1.10	2.04
0.62	0.17	2.54	0.51	0.65	0.65	1.85	2.15	1.18	2.19
0.48	—	2.33	0.46	0.60	0.47	1.79	1.85	1.02	1.88
0.95	0.33	1.23	0.61	0.61	0.45	1.52	1.36	0.87	1.74
0.96	0.42	1.35	0.77	0.69	0.51	1.64	1.45	0.97	1.87
0.94	0.28	1.29	0.36	0.38	0.35	1.15	1.00	0.86	1.59

饲料	营养				
	粗蛋白 /%	粗脂肪 /%	粗纤维 /%	无氮浸出物 /%	钙 /%
棉籽壳（带部分壳，浸提）	41.1	0.9	12.9	29.4	0.36
花生饼（机榨）	43.9	6.6	5.3	29.1	0.25
胡麻仁饼（机榨）	33.1	7.5	9.8	34.0	0.58
胡麻仁饼（浸提）	36.2	1.1	9.2	35.7	0.58
芝麻饼（机榨）	39.2	10.3	7.2	24.9	2.24
葵花子粕（带部分壳，机榨）	32.1	1.2	22.8	30.5	0.41
葵花子粕（带部分壳，浸提）	28.7	8.6	29.8	31.9	0.65
米糠饼	15.2	7.3	9.8	49.3	0.12
玉米胚芽饼（机榨）	16.3	8.7	5.7	51.5	0.03
小麦麸	14.4	3.7	9.2	56.2	0.18
小麦二七粉麸	14.2	3.1	7.3	58.4	0.12
小麦八四粉麸	15.4	2.0	8.2	58.0	0.14
米糠（无稻壳）	12.1	15.5	9.2	43.3	0.14
甘薯粉	3.8	1.3	2.2	79.2	0.15
木薯粉	3.8	0.2	2.8	78.4	0.16
鱼粉（等外）	38.6	4.6	—	—	6.13

续表

成分									
总磷/%	有效磷/%	赖氨酸/%	蛋氨酸/%	胱氨酸/%	色氨酸/%	苏氨酸/%	异亮氨酸/%	组氨酸/%	缬氨酸/%
1.02	0.31	1.39	0.41	0.46	0.50	1.29	1.20	1.05	1.76
0.52	0.16	1.35	0.39	0.63	0.30	1.23	1.34	0.92	1.66
0.77	0.23	1.18	0.44	0.31	0.40	1.20	1.25	0.63	1.52
0.77	0.23	1.20	0.50	0.50	0.48	1.29	1.27	0.76	1.59
1.19	0.36	0.93	0.81	0.50	0.40	1.32	1.42	0.81	1.84
0.84	0.25	1.17	0.66	0.70	0.60	1.50	1.74	1.00	2.30
0.81	0.21	1.13	0.46	0.70	0.58	1.22	1.13	0.82	2.25
1.49	0.45	0.63	0.23	0.22	0.17	0.56	0.55	0.35	0.81
0.35	0.23	0.69	0.23	0.34	0.17	0.62	0.49	0.45	0.83
0.78	0.23	0.47	0.15	0.33	0.23	0.45	0.37	0.35	0.67
0.85	0.26	0.54	0.17	0.40	0.27	0.51	0.44	0.42	0.74
1.06	0.82	0.54	0.18	0.40	0.27	0.54	0.46	0.42	0.75
1.04	0.31	0.56	0.25	0.20	0.16	0.46	0.45	0.32	0.67
0.11	0.03	0.14	0.04	0.05	0.03	0.15	0.12	0.05	0.17
0.08	0.02	0.09	0.03	0.03	0.02	0.07	0.07	0.04	0.11
1.08	1.03	2.12	0.89	0.41	0.60	1.75	1.82	0.75	1.98

饲料	营养				
	粗蛋白 /%	粗脂肪 /%	粗纤维 /%	无氮浸出物 /%	钙 /%
鱼粉（国产）	55.1	9.3	—	—	4.59
鱼粉（进口）	60.5	9.7	—	—	3.91
肉骨粉	53.4	9.9	—	—	9.20
蚕蛹（全脂）	53.9	22.8	—	—	0.25
蚕蛹渣（脱脂）	64.8	3.9	—	—	0.19
血粉（喷雾干燥）	84.7	0.4	—	—	0.20
饲料酵母（白地霉）	43.0	1.6	—	32.1	2.20
苜蓿草粉（优质）	20.4	3.2	19.7	35.6	1.46
槐树叶粉	18.1	3.1	11.0	46.1	2.21
骨粉（脱脂）	—	—	—	—	36.4
蛋壳粉	—	—	—	—	37.0
贝壳粉	—	—	—	—	33.4

续表

总磷/%	有效磷/%	赖氨酸/%	蛋氨酸/%	胱氨酸/%	色氨酸/%	苏氨酸/%	异亮氨酸/%	组氨酸/%	缬氨酸/%
成分									
2.15	2.15	3.64	1.44	0.47	0.70	2.22	2.23	0.90	2.29
2.90	2.90	4.35	1.65	0.56	0.80	2.88	2.42	1.66	2.80
4.70	4.70	2.60	0.67	0.33	0.26	1.94	1.70	0.96	2.25
0.58	0.58	3.66	2.21	0.53	1.25	2.41	2.37	1.29	2.97
0.75	0.75	4.85	2.92	0.66	1.50	3.14	3.39	1.87	3.79
0.22	0.22	7.07	0.68	1.69	1.43	3.51	0.88	6.01	7.64
2.92	—	2.32	1.73	0.78	0.44	2.12	1.80	0.73	2.08
0.22	—	0.83	0.14	0.16	0.20	0.63	0.66	0.37	1.07
0.21	—	0.83	0.22	0.12	0.14	0.72	0.72	0.33	0.39
16.40	16.40	—	—	—	—	—	—	—	—
0.15	0.15	—	—	—	—	—	—	—	—
0.14	0.14	—	—	—	—	—	—	—	—

三、肉鸽饲养标准及饲料配制方法

1. **不同时期鸽的营养标准** 肉鸽的营养需要是指其生长发育、繁殖、哺育乳鸽以及维持自身新陈代谢所需要的营养物质。这些营养物质包括

碳水化合物、粗蛋白、粗脂肪、各种氨基酸、矿物质等。饲料的营养标准就是每千克饲料所含有的代谢能、粗蛋白、粗脂肪、粗纤维、钙和磷等。代谢能以每千克饲料中含有多少兆焦的热量来表示,蛋白质、脂肪、粗纤维、钙和磷是以百分比来表示,氨基酸是以每千克饲料中含有多少克来表示,维生素是以每千克饲料中含有多少国际单位或多少毫克来表示。现将肉鸽不同阶段的营养需要标准列表如表2-2和表2-3所示,供配制饲料时作参考。

表2-2 肉鸽不同阶段的饲养标准

不同阶段的肉鸽	营养需要					
	代谢能/(兆焦/千克)	粗蛋白/%	粗脂肪/%	粗纤维/%	钙/%	磷/%
青年鸽	11.7	12~13	3.7	3.5	1.0	0.65
非育雏期种鸽	12.6	13~14	3.0	3.2	2.0	0.85
育雏期种鸽	13.0	15~18	3.0	2.8~3.0	2.02	0.85

表2-3 肉鸽对氨基酸、维生素所需要量(每千克饲料含量)

营养物质	需要量	营养物质	需要量
蛋氨酸	1.8/克	苯丙氨酸	1.8/克
赖氨酸	3.6/克	色氨酸	0.4/克
缬氨酸	1.2/克	维生素A	4 000/国际单位
亮氨酸	1.8/克	维生素B_1	2/毫克
异亮氨酸	1.1/克	维生素B_2	24/毫克
维生素B_6	2.4/毫克	维生素C	14/毫克
尼克酰胺	24/毫克	生物素	0.04/毫克
维生素B_{12}	4.8/毫克	泛酸	7.2/毫克
维生素D_3	900/国际单位	叶酸	0.28/毫克
维生素E	20/毫克		

第二章 肉鸽高效饲养管理技术

2. 肉鸽日粮的配制方法 日粮即一只肉鸽在一昼夜中采食的饲料量。在日粮中如果营养物质的种类、数量、质量都能满足鸽营养需要时,这种日粮称全价日粮。采用这种日粮养鸽,才能达到高效益低成本的养殖效果。

图 2-7 日粮配制图

配制日粮时必须考虑能量物质、粗蛋白、维生素、矿物质四种营养成分,应将含能量较高的饲料作为日粮能量的主要来源。由于含能量较高的饲料中蛋白质含量比较低,特别是缺乏蛋氨酸和赖氨酸,因此必须搭配蛋白质饲料。此外,由于钙、磷含量不足,维生素含量亦偏低,所以还要补充维生素、无机盐等。使配合的日粮中含有充足的各种营养成分,才能满足鸽生长发育和繁殖的需要。

日粮配制方法有很多种,常用的是试差法,又称凑数法。此方法运用于饲料品种多、考虑营养指标多的日粮配方设计,这里介绍一个饲料配方的配制方法。例如:5~6月龄的青年鸽,已日趋性成熟,蛋白质需求

量也要适应繁殖的需要而提高。日粮中蛋白质原粮应占 20%~25%，能量饲料原粮应占 75%~80%。可以按照这一原则搭配原料，如玉米 40%、高粱 10%、小麦 15%、稻谷 10%、豌豆 15%、黑豆 5%、火麻仁 5%。

多品种日粮原料配制后，还要按照口粮原粮营养成分表查出各种原料营养物质的含量，计算它们的总量能否达到肉鸽所需营养标准；如果某些营养成分差距较大，可以调整各种原料粮的比例，重新计算，使其达到或接近营养标准。以上所举例的饲料配方营养标准如表 2-4 所示。

表 2-4　鸽饲料成分及营养价值表

饲料名称	占全价饲料比	每千克全价料含量/克	所含消化能/兆焦	粗蛋白含量/克	粗脂肪含量/克	粗纤维含量/克	钙含量/克	磷含量/克
玉米	40%	400	5.62	34.4	14	8	0.16	0.84
小麦	15%	150	1.93	18.6	2.7	3.6	0.10	0.50
高粱	10%	100	1.30	8.7	3.3	2.2	0.09	0.28
稻谷	10%	100	1.07	8.3	1.5	8.5	0.07	0.28
豌豆	15%	150	1.71	33	2.3	9.0	0.19	0.60
黑豆	5%	50	0.66	18	7.3	3.4	0.24	0.07
火麻仁	5%	50	0.45	16.6	3.8	5.0	0.30	0.40

由表 2-4 计算出所拟定的饲料配方所含消化能 12.74 兆焦/千克料、粗蛋白含量为 13.76%、粗脂肪为 3.49%、粗纤维为 3.97%、钙为 0.115%、磷为 0.297%。消化能、粗蛋白、粗纤维、粗脂肪都能达到生产鸽珠营养要求，但钙、磷含量偏低，应在保健砂中注意添加矿物质饲料。

3. 生产鸽参考饲料配方　因为我国地大物博，各地的粮食种类不同，

第二章 肉鸽高效饲养管理技术

为了因地制宜地利用当地粮食作肉鸽原料，这里列举几个生产鸽的饲料配方，供配制日粮时参考。

配方1：玉米40%、稻谷20%、小麦7%、豌豆30%、火麻仁3%。

配方2：玉米35%、高粱10%、小麦15%、稻谷6%、绿豆15%、豌豆16%、火麻仁3%。

配方3：玉米50%、稻谷20%、豌豆25%、火麻仁5%。

配方4：玉米40%、糙米15%、高粱10%、豌豆20%、绿豆10%、火麻仁5%。

配方5：玉米50%、高粱15%、小麦10%、豌豆25%。此配方适用于带雏鸽的种鸽，每日每对用量90~100克。

配方6：玉米55%、高粱10%、小麦15%、豌豆20%。本配方适用于产蛋期的种鸽，每日每对投饲量70~90克。

配方7：玉米40%、高粱15%、小麦15%、豌豆30%。本配方适用于带大龄乳鸽的生产种鸽，每日每对投料100~120克。

配方8：玉米55%、高粱10%、小麦15%、豌豆20%。本配方适用于没带雏鸽的种鸽，每日每对投料80~100克。

配方9：玉米40%、高粱15%、小麦12%、豌豆33%。本配方适用于换毛期又带仔鸽的种鸽，每日每对投饲量为110~130克。

配方10：玉米40%、高粱15%、小麦10%、豌豆25%、绿豆10%。本配方适用于夏季带仔鸽的种鸽。每日每对投饲量为100~125克。

4. 肉鸽全价配合颗粒饲料的应用 据资料显示，美国早在20世纪30年代饲养肉鸽就使用了全价配合颗粒饲料。研究表明，肉鸽饲养使用全价配合颗粒饲料与使用原料配合饲料相比，鸽群提高生产率15%，经济效益十分明显。目前，德国、美国、泰国和我国台湾地区集约化养鸽场都使用全价配合颗粒饲料。国内广东省的广州、佛山、中山等地早在20世纪90年代初期，规模鸽场也都使用了全价配合颗粒饲料。生产实践证明，使用肉鸽全价配合颗粒饲料，可以解决现今鸽场使用原料配合饲料所存在的一系列弊端。其一，全价配合颗粒饲料能尽量地满足肉鸽在生产中对营养成分的需要，而且可以根据各阶段的生长状态需要随时进行配方调整，尤其是产鸽，粗蛋白含量需要从原来的13%~15%提高到17%~20%；其二，蛋白饲料不一定要用原料加工，可以利用豆粕、花生粕、菜籽粕等饼粕代替，并按需要在配合饲料中加入必需的氨基酸、维生素、微量元素和矿物质，使生产鸽得到全面营养供给，生产潜能得到充分发挥，从而提高生产经济效益；其三，能有效地防止鸽偏食和挑食的坏习惯；其四，颗粒饲料营养成分高，全价且容易被消化吸收，乳鸽生长速度快，缩短生长期，提前上市，也能提高种鸽的产蛋率和孵化出仔率；其五，能充分利用饼（粕）类粮食加工的副产品作饲料，减少对原料的消耗，解决养殖业发展与粮

图2-8　肉鸽颗粒饲料

食相对不足的问题；其六，使用全价配合颗粒饲料，可减少饲料浪费，并可利用粮食加工的副产品加工鸽饲料，从而降低饲料成本；其七，采用颗粒饲料可使饲养员在饲养过程中省去一些工序，如可以把添加剂中的砂等添加在全价配合颗粒饲料中，不再使用保健砂，饲养员管理生产鸽的数量增加，提高了劳动生产率。因此，饲养肉鸽采用全价配合颗粒饲料，能显著地提高肉鸽的生产水平和降低生产成本，提高鸽场的经济

第二章 肉鸽高效饲养管理技术

效益。

在开始使用全价配合颗粒饲料时,种鸽从原料配合饲料到使用全价配合颗粒饲料,需要有一个过程,过渡期需要9天左右:第一天用原料配合饲料80%,加工的全价颗粒饲料20%;第二天用原料配合饲料70%,全价颗粒饲料30%;以此类推,到第九天可以全部采用全价颗粒饲料。

在使用全价颗粒饲料过程中,必须注意种鸽的生产情况,尤其要注意观察乳鸽的消化情况。有的鸽场在使用全价颗粒饲料时,发现乳鸽消化不良,拉稀烂粪便,病残乳鸽较多,发现这种情况应及时停用全价颗粒饲料,分析配制饲料时原料有无发霉变质的成分,发现问题要及时纠正。纠正后,在病鸽恢复正常后再重新使用全价配合颗粒饲料。

有些鸽场在使用全价颗粒饲料时仍然供给保健砂,但保健砂的配方应在原来的配方上减去颗粒添加的维生素、微量元素、矿物质等。实验证明,使用全价配合颗粒饲料时再为鸽供给一些保健砂比不供给保健砂效果要好一些,这是因为肉鸽的消化功能较特殊,肌胃需有一些粗砂帮助消化,从而增强消化力,提高饲料利用率。

要使颗粒饲料适应肉鸽的需要,首先应保证饲料原料新鲜,不使用发霉变质的饲料、陈粮作原料;其次,颗粒的大小要均匀,硬度要大一些,不能有粉状料存在;再次,颗粒饲料的营养成分应符合肉鸽生长的营养需要,一般要求水分小于11%,粗蛋白含量为17%~20%,粗脂肪含量为2.8%~4%,粗灰分含量小于10%,钙含量为2%~2.8%,磷含量为0.5%~0.8%,食盐含量为0.3%~0.5%,氨基酸和维生素需要量可参考表2-3。

参考饲料配方如下:

配方1:玉米50%、碎大米或其他谷物12.34%、小麦粗粉10.46%、大豆粕 9.59%、花生仁粕 9%、蛋氨酸 0.23%、骨粉 4%、石粉 3.38%、食盐 0.5%、维生素和微量元素添加剂合计 0.5%。

配方 2：碎米 35%、玉米 20%、稻谷 4.5%、糠饼 4.1%、豆粕 16%、菜籽粕 5%、进口鱼粉 2.5%、酵母 4.5%、碳酸氢钙粉 6.5%、骨粉 1.5%、食盐 0.4%。

配方 3：玉米 61.25%、豆饼粉 18.59%、小麦麸 10.96%、蛋氨酸 0.23%、石粉 7.38%、食盐 0.5%、骨粉 1.09%。

以上三个参考配方都要按维生素、微量元素产品说明书规定的量添加维生素和微量元素。另外，每千克饲料再添加维生素 A 5000 国际单位、维生素 D 1500 国际单位、维生素 E 20 毫克、益生素 5 克、复合酶 0.2 克。

四、保健砂的应用技术

鸽消化系统比较特殊，需要吃进一些砂粒来帮助其磨碎胃里的原粮饲料，促进消化。在使用原粮养鸽的情况下，维生素、微量元素、矿物质、食盐等添加剂无法与原料混合，从而随饲料进入胃内，只能混到保健砂内，在鸽啄食保健砂时将其吃进胃内。因此，保健砂是保证肉鸽健康生长和正常生产不可缺少的成分，用原粮作饲料的养鸽场、户，不能忽视保健砂的作用。即使使用全价配合颗粒饲料，已将维生素、微量元素、矿物质加在全价配合颗粒饲料中，但仍然需要给肉鸽放置

图 2-9　肉鸽保健砂

些砂粒供鸽啄食，以助消化。保健砂是肉鸽饲养管理的一个重要部分，要想使鸽发挥其最大的生产潜力，就必须掌握这一技术环节。

1. 保健砂的成分及其作用

（1）蚝壳片　是用蚝壳经粉碎机碾制成直径为 0.5~0.8 厘米，即如豌豆般大小的片。有的养鸽场把蚝壳加工成粉状，这样鸽就不爱吃。片状的蚝壳对于提升鸽肌胃的消化功能更有帮助。据资料介绍，蚝壳片所含的成分构成是：钙 38.1%、磷 0.07%、镁 0.3%、钾 0.1%、铁 0.29%、氯 0.01%。蚝壳片中丰富的钙含量为保健砂提供了钙的主要来源，能促进鸽体的正常生长发育，防止鸽软骨症和产软壳蛋。此外，它还与酶的代谢及凝血因子的形成有关。

（2）骨粉　是用动物骨经高温消毒后粉碎而成。主要成分构成为：钙 30.7%、磷 12.8%、钠 5.69%、镁 0.33%、钾 0.19%、硫 2.51%、铁 2.67%、铜 1.15%、锌 1.30%、氯 0.01%、氟 0.05%。骨粉是钙、磷的主要来源，是含磷较高的原料。钙与磷在鸽体内是相互依存的，两者按一定比例被吸收后，才能在鸽体内形成坚硬而有韧性的骨架。缺磷时，鸽骨质松脆，易骨折。因此，骨粉能防止幼鸽生长发育不良、骨骼变形及软骨症，防止母鸽产软壳蛋、薄壳蛋和沙皮蛋等。骨粉中的铁元素对形成血红蛋白以及预防贫血有较好的作用。

购买骨粉有学问，未经蒸煮消毒的生骨加工的骨粉、肥田用的骨粉、加工厂磨出的骨粉，往往带有病原体和杂质，养肉鸽不能使用这样的骨粉，否则易引起鸽发病。

（3）蛋壳粉　适用于小规模养鸽，且有蛋壳来源的养鸽场使用。将收来的蛋壳先炒熟，然后粉碎即可使用。蛋壳粉的主要成分是：钙 34.8%、磷 2.3%。

(4)石灰石粉 是由多种贝壳类制成的,含钙33%,作为补充钙的添加剂,其中还有少量微量元素。熟石灰碱性强,作为石粉添加于饲料中时用量不能太多,一般不超过5%。

(5)石膏 使用者不多,用量也在5%左右,含有较多钙质,其作用主要是补钙,还有清凉解毒的功能。据资料报道,石膏还对鸽在8~10月时的换羽有良好的促进作用,因此鸽换羽时在保健砂中添加石膏,可加快其换羽。

(6)粗砂 最好来源于河溪内,采回后适当进行筛选,弃去小粒和大粒,选中等颗粒,用清洁水冲洗净,置于阳光下晒2~3天,然后用袋装好备用。砂的作用是帮助鸽的肌胃对饲料进行机械磨碎促进消化。砂粒在鸽的肌胃中也会被慢慢磨细,其中的微量元素部分被鸽体吸收利用。保健砂中没有砂粒容易导致鸽消化不良,降低饲料利用率。

(7)石米 养鸽场喜欢用石米来代替砂粒。经用石米的鸽场反映,用石米优于用砂粒。因为石米除了具有砂粒的作用外,还具有大小一致、干净好用、不含杂质的优点。石米比砂粒还坚硬,在肌胃中不易被磨碎,但不必担心鸽吃得多会积累在肌胃内,因为鸽本身能根据需要啄食适量的石米,而且能通过体内调节和消化功能使部分较细的石米随粪便排出体外。另外,鸽肌胃的压力和酸性都是很强的,足以在几天内将石米磨细、消化。

图2-10 石米

(8)黄泥 也被称为红

第二章 肉鸽高效饲养管理技术

土或黄土,随处都可以挖到。但要注意,深层的黄泥才不会有细菌和化肥等有害物质。黄泥挖回后置于阳光下暴晒几天,装入袋中备用。黄泥中含有铁、锌、钴、锰、硒等多种微量元素,其作用是作为保健砂的原料及少量的微量元素的来源。由于现在用的保健砂中有矿物质及微量元素,因此保健砂中可以少用黄泥,也可以不用。特别是用全价配合颗粒饲料的养鸽场,保健砂中不必加维生素、微量元素,也不必加黄泥。

(9) 木炭末 木炭末表面有很强的吸附作用,能够吸附肠道产生的有害气体、清除有害的化学物质和细菌等,还可收敛止痢。木炭末在肠道中能附着在消化道的黏膜上,有保护消化道黏膜不被病原菌侵害的作用。但另一方面它又会吸附营养物质,影响消化道对营养物质的消化吸收。因此,使用木炭末时量不宜太大,一般在4%以下。生产中用量要不断变动,每周变动一次,变动范围在1%~4%。

(10) 食盐 家鸽的祖先生活在海边,常饮海水,因而形成了嗜盐性。肉鸽的保健砂中食盐加量在2%~5%,成年鸽每天约需食盐0.2克,食盐量过大会引起食盐中毒。

食盐主要成分为钠和氯,还含少量的钾、碘、镁元素。要在鸽饲料中或保健砂中加入食盐,不仅可以补充鸽体内所需的元素,还可以增进鸽的食欲,促进其新陈代谢。因此,食盐里保健砂中是不可缺少的添加物。

(11) 红铁氧 即氧化铁,呈红棕色,故称红铁氧。可从油漆商店购买,但应要求不含其他杂质。红铁氧可以供给鸽体内所需要的铁质,合成血红蛋白,促进鸽体内氧的运输。红铁氧可加深保健砂的色度,刺激鸽的食欲。但不能用量太多,以0.5%~1%为宜。

2. 保健砂中添加剂及其作用

(1) 生长素 主要是鸽生长发育所需要的常量元素和微量元素。例

如：肥壮素主要成分就是硫酸亚铁、硫酸铜、硫酸镁、硫酸锌、硫酸锰、氯化钴、腐殖土、土霉素钙、贝壳粉、海藻粉及碳酸钙等。禽用生长素主要成分也是铜、铁、锰、锌、碘、钾、钙、硒等常量元素和微量元素。

常量元素和微量元素是鸽生理活动和新陈代谢所必需的，笼养鸽必须补充这些物质。矿物常量元素和微量元素直接参与构成鸽的骨架、羽毛、软组织和血细胞，同时参与其体内复杂的生物化学反应。此外，生产鸽在产蛋和哺育乳鸽时也需要各种元素。

（2）多种维生素 含有维生素A、维生素D、维生素E、维生素K及B族维生素，用以补充鸽体的需要，促进鸽体正常的新陈代谢，维持其正常的生理功能和生命动力。如果缺乏维生素，仔鸽生长发育会受阻，之后还会出现繁殖障碍。

（3）氨基酸 主要是提供体内不能合成而体内又必需的，往往饲料中含量也不足的限制性氨基酸，即必需氨基酸，如赖氨酸、蛋氨酸、胱氨酸和半胱氨酸等。适当地补充必需氨基酸，可促进饲料中氨基酸的互补而达到充分作用，提高饲料的利用率。

（4）中药添加剂 在保健砂中或全价配合颗粒饲料中加入某些中草药粉有促进生长、增进食欲的作用。如神曲、陈皮、枳实、山楂、麦芽等能增进食欲，增强鸽体活力；金银花、连翘、荆芥、紫苏、苍术、苦参等具有抗菌消炎等作用；红花、当归、牛膝等能促进血液循环，促使鸽的各器官、组织修复，增强功能，使鸽肥壮、被毛光亮。

（5）红糖 作为营养添加剂，主要作用是提供能量、补充体液、增强心肌力量。红糖作为保健砂的添加剂，主要还是以提高热量为主，在阴冷的天气中可增强鸽的御寒力，尤其是为乳鸽添加红糖可以防止其因受冷而冻死。也可以用砂糖、葡萄酒等替代，一般用量为2%~3%。保健

砂中加入糖类,放的时间长了会受潮变质,必须当时就用,因每次应少放些保健砂,使其尽快吃完。

(6)益生素 以往为了防止鸽发病,往往在保健砂中加入抗菌类药物,如磺胺类、呋喃类、抗菌增效剂等。这些药物是双刃剑,在杀死鸽肠道内病原菌的同时,也杀死了肠道内有益细菌,造成肠道内微生态系统失去平衡。

现代最新防病技术是在保健砂或配合饲料中加入益生菌,不断增加肠道内益生菌的数量,使益生菌在肠道内占绝对的优势,以竞争性抑制的方式抑制肠道有害菌繁殖,在其无空间生存的情况下很快排出体外,以此净化肠道,达到鸽体健康的作用。

益生菌是由五大类 80 多种有益菌组成的有益菌群,但是目前生产厂家很多,商品名各不相同,例如有的商品名称益生王,有的称益生素,有的称生态素、EM 活菌制剂等。产品形态有的是粉剂,有的是液体。在养鸽上应用时,粉剂可以混入全价配合饲料中,每千克饲料加入 5 克;或加入保健砂中,可占保健砂的 1%~2%;液体的可以加入到饮水中。

3. 保健砂的配制 产鸽在整个哺育期间对保健砂的采食量不同,一般采食规律是:乳鸽刚出壳 3 天内的种鸽采食保健砂的数量较少,4 天以后采食逐渐增多,1~4 周龄期间种鸽采食保健砂的数量最多,乳鸽 4 周龄后种鸽采食保健砂又逐渐减少。这是因为产鸽能根据乳鸽生长的需要调节自己采食保健砂的量。

通过对多个鸽场生产鸽采食保健砂的测定,每只生产鸽平均每天采食量为 3.1 克,这样在供给鸽群需要的添加剂时,可根据每只鸽的需要量计算出来。例如,每只鸽每天需要维生素 A 200 国际单位,以每只鸽每天采食 3 克保健砂计算,则应在 3 克保健砂中加入维生素 A 200 国际单位。

配 1 千克保健砂就需要加维生素 A 约 66 667 国际单位，添加多种维生素数量一般都按每天的需要量加入 3 克保健砂，然后推算出 1 千克保健砂加多大量。

（1）配制保健砂应注意的问题

1）检查各种配料纯净与否，有无过多的杂质和发霉变质的情况。

2）在配料混合时应由少到多，多次搅拌。也就是用量少的物质，如与红铁氧、生长素等混合时，先取少量的保健砂均匀混合，然后再混进全部保健砂中。

3）保健砂配制好以后，使用时间不能太长，否则易潮解，影响营养成分的功效。一般可将保健砂的主要成分如蚝壳粉、骨粉、粗沙、红泥、生长素等无机物类原料先混合好，其量可供鸽群采食用 3~4 天，再把用量少、易氧化、易潮解的配料在每天给鸽群添加保健砂之前再混入，这样保健砂的质量和作用才能有所保证。

（2）保健砂的参考配方　保健砂的配制没有固定的标准，可以参考以下配方自己制定配方。

配方 1：蚝壳片 35%、骨粉 15%、石米 35%、木炭末 5%、食盐 5%、红铁氧 1%、生长素 2%、穿心莲 0.5%、龙胆草 0.5%、甘草 1%。

配方 2：红土 20%、中沙 32%、贝壳粉 30%、陈石膏 2%、砖末 2%、木炭末 3.5%、食盐 4%、生长素 2%、红氧铁 0.4%、复合维生素 0.2%、龙胆草 0.7%、甘草 0.8%、赖氨酸 1.5%、大黄粉 0.4%、金银花粉 0.5%。

配方 3：中沙 35%、黄泥 10%、蚝壳粉 23%、陈石膏 5%、陈石灰 5%、木炭粉 5%、骨粉 10%、食盐 4%、益生菌 2%、红铁氧 1%。

配方 4：中沙 30%、黄泥 20%、贝壳粉 15%、骨粉 10%、陈石膏 4%、陈石灰 4%、益生菌 2%、生长素 2%、维生素 2%、复合酶 1%、木炭末 5%、

食盐 5%。

配方 5：蚝壳片 30%、中沙 40%、骨粉 16%、石膏 3%、木炭粉 2%、明矾 1%、红氧铁 1%、食盐 3%、陈皮粉 2%、神曲粉 2%。

配方 6：贝壳粉 30%、粗沙 35%、木炭粉 5%、骨粉 8%、石灰石 5%、食盐 4%、红土 8%、维生素 2%、生长素 2%、益生菌 1%。

配方 7：贝壳粉 40%、红土 30%、木炭粉 5%、骨粉 8%、食盐 5%、生长素 2%、维生素 2%、陈皮粉 2%、枳实粉 2%、神曲粉 2%、甘草 2%。

配方 8：蚝壳片 25%、骨粉 8%、陈石灰 5.5%、中粗沙 35%、红土 10%、木炭 5%、食盐 4%、红铁氧 1.5%、龙胆草 0.5%、穿心莲 0.3%、甘草 0.2%、维生素 1.5%、生长素 1.5%、益生菌 2%。

配方 9：中沙 35%、黄泥 10%、蚝壳片 25%、陈石灰 5%、陈石膏 5%、木炭粉 5%、骨粉 10%、食盐 4%、红铁氧 1%。

配方 10：红土 35%、贝壳粉 20%、中沙 20%、木炭末 10%、骨粉 5%、细花岗石 5%、食盐 5%。

4. 保健砂的使用方法 保健砂使用的方法应正确，否则起不到应有的作用，因此必须掌握保健砂正确的使用方法。保健砂的正确使用方法有以下几个注意事项：

（1）应现用现配 保健砂必须现用现配，保持新鲜，防止某些物质被氧化、分解或发生不良的化学变化而影响其功效。

（2）每天应定时定量投给 实验证明，鸽群平均每只每天保健砂的需要量为 3.1 克，给鸽群供应保健砂时，每天按 3~5 克 / 只供给，哺育亲鸽可多投一些，童鸽、非哺育期种鸽可少投一些，每天投给量应相对稳定。投砂时间应在上午投食 2 小时后，每天 1 次。哺育乳鸽的亲鸽每天每对投砂量可以高达 15~20 克。有的生产场为了省时，2~3 天投 1 次沙，让其

自由采食,只要保健砂保持干燥松散就可以了,但如果到雨季空气湿度较大时,保健砂放置时间长了会受潮板结,影响效果,这期间必须每天投砂一次。

(3)保健砂槽应经常清理　雨季应在2~3天彻底清理一次保健砂槽,春、秋、冬干燥季节可以每周清理1次,遇到砂槽被污染等特殊情况,可以随时清理,以保证砂槽卫生。

(4)保健砂配方可以根据鸽群需求而改变　保健砂配方不能一成不变,应根据季节、鸽群生产情况适当调整,以适应生产的需要。配制保健砂的主料可以因地制宜选择容易购买、价格相对便宜的。例如,沿海地区养鸽场多用蚝壳片,而内地的养鸽场则用中砂、中粗砂和细砂等。

五、肉鸽的饲养管理技术

1. 日常饲养管理技术要点

(1)喂料技术要点　生产实践证明,供给鸽料时应做到少量多次,其好处有以下几个方面:①刺激鸽的食欲,使育雏期的产鸽能得到充分的营养。②避免鸽挑食。③避免饲料浪费。鸽场饲料浪费是一个普遍的、严重的问题,造成浪费现象的原因,除了饲料槽结构不合理以外,还有饲料颗粒大、有的成分鸽不爱吃等。每次放料多时,鸽挑食,拣食喜欢吃的料,啄来啄去把其他的料弄到了槽外或掉于笼下,造成浪费。④激发笼养鸽运动,因为每次投料少,鸽只吃八成饱,到下次投食时鸽已有饥饿感了,听到熟悉的投食声,整群活跃起来,蹦蹦跳跳来抢食,因此增加了运动量。如果一次放饲料过多,鸽不停地吃,直到下一次投料时食槽中还有不少饲料,投料后就不去争抢,活动就没有那么激烈。如果

第二章 肉鸽高效饲养管理技术

每一次投的料仅供鸽吃八成饱，30分钟左右饲料就吃完了，到下次投料时鸽已有食欲，为了得到饲料，一投料就急于去抢，活动就比较激烈，这样可以增加其运动量、增强体质。

对产鸽每天投3次饲料，还要补给2次。即早晨8:00投料1次，中午11:00第一次补料，主要是补充哺乳产鸽料。15:00第二次投料，17:00第二次补料，21:00再投入第三次料。投料要多一些，补料相对少一些。青年鸽每天投料2次，早晨8:00投第一次料，15:00至16:00投第二次料，每次投喂量都不要太多，以平均每次每只15~20克为宜。

（2）供给保健砂应定时定量　给鸽投保健砂要做到定时定量，一般每天上午9:00供给新配的保健砂1次，哺育乳鸽的亲鸽每天每对投沙15~20克，非哺育种鸽每天每对10克左右，童鸽每天每只3~5克。

（3）清洁饮水全天不断　每只鸽每天需水量平均为50毫升，夏天及哺乳期亲鸽需要多饮一些，秋季、冬季及早春季节饮水量少一些，但是，对鸽饮水的供给应全天不间断，让其自由饮用。特别是夏季天气炎热时，更不能断水；若是夏季炎热的中午断水2小时，很容易引起种鸽因缺水体温不能下降而中暑。此外，多数养鸽场所用的原粮，需要有足够的水分才能使其充分被鸽消化和吸收。

（4）保证饲料和饮水的质量　鸽用的粮食必须品质好且新鲜，购买时一定把好关。对存放的饲料要经常检查，发现发霉变质的应立即停用。表面轻微发霉的，应洗干净在太阳光下暴晒，充分消除霉菌和霉菌素才能使用。饮水必须保持清洁卫生，每天早晨都要清理水槽，更换新鲜的饮水，防止饮水被灰尘和粪便污染。

（5）给鸽准备清洁的洗浴水　鸽是要进行洗浴的，洗浴既能使鸽保持羽毛清洁卫生，防止寄生虫产生，还可以刺激其体内产生生长激素等激素的分泌，促进鸽的生长发育，使肉鸽长得肥壮结实。天气好、气温高时每天让其洗浴1次，炎热天鸽一天有时可洗2~3次澡。温度低时，每周也可以让它们洗1~2次澡。有运动场的话，可在运动场的一角或一边修一个浴池，浴池的大小依鸽群的大小而定，一般长、宽、深分别为100厘米、100厘米、18厘米的池子可供100只鸽的鸽群使用，鸽群大时可参照这个数据扩大浴池。浴池的水应为流水，一边进清洁的水，一边排污水，池水要保持清洁。小的鸽群可以用大的塑料盆或镀锌的铁皮盆盛水让鸽洗浴。

笼养的生产鸽洗浴较困难，洗浴的次数可少一些。内外笼结构的鸽舍，可在外笼的最上端，每两笼中间的上方装一个细口喷头，这样需要给鸽洗浴时，打开总开关，喷头就向下喷水，鸽发现上方有水喷下，就会跳出来淋浴。用单笼结构的生产鸽，一般每年安排1~2次专门洗浴，并在水中加入一些药物如敌百虫，以预防或驱杀体外寄生虫。给鸽洗浴时应注意洗浴前必须让鸽饮足清洁的水，在上午10:00以后气温升高时再进行，每次洗浴或药浴半小时即可。洗浴后马上把污水排掉，防止鸽饮污水。

（6）产鸽要补充光照时间　生产实践证明，每天光照时间16~17小时能提高产蛋率、蛋的受精率和乳鸽体重。因为光线是一种刺激性因子，能引起动物的性兴奋，促进动物性腺发育。给生产鸽适时、适当强度的光照，会刺激其性激素的分泌，提高公鸽的精液品质，促进母鸽卵子的成熟和排出；还可以使产鸽多食、多喂雏鸽，使雏鸽生长快，体重增加。中原地区冬季每天的自然光照时间不到10小时，每天得补充6~7小时，补充应在晚上进行，即每天从17：30至23：30；夏季自然光照能达14小时，补充时间应从20：00至23：00。人工补充光照可用普通灯泡或日

第二章　肉鸽高效饲养管理技术

光灯，光线应柔和，光照强度不能太弱，也不能太强，一般每平方米鸽舍地面2瓦日光灯管就能满足需求。人工补充光要有规律，不能忽长忽短，也不能今天早上开灯、明天晚上开灯。必须有专人负责，定时开灯、定时关灯。

（7）保持鸽舍和用具清洁卫生　鸽舍、鸽笼在进鸽以前必须打扫、冲洗干净，地面和墙壁用2%高锰酸钾熏蒸消毒；用具可以先洗涤再用0.2%的高锰酸钾溶液浸泡消毒，鸽舍外环境每月用漂白粉等消毒一次。水槽、食槽除清理、清洗外，每周要消毒1次，可用高锰酸钾或百毒杀。

图2-11　鸽舍卫生图

（8）做好防病工作　养鸽也应坚持"防重于治"的原则，把病原消灭在萌芽状态。首先要进行免疫注射，定期注射鸽瘟疫苗、鸽痘疫苗等；除此之外，还应用中药制剂、益生菌制剂防病。经过两方面技术措施发病率会大大降低，但也绝不会100%不生病，一旦发现病鸽应及时隔离治疗。

（9）保持鸽舍安静、干燥、空气新鲜　鸽舍内及周围环境必须安静，突然的响声会使鸽受至惊吓造成应激，导致生病；保持鸽舍通风干燥、

空气新鲜,可使病原微生物不会滋生。

(10)做好生产记录 生产记录能反映生产情况,进而进行生产总结,及时对存在的问题加以纠正,以提高生产管理水平。记录的事项有:青年鸽的成活率、合格率、病残率、死亡率;种鸽配对日期和体重;产鸽产蛋数、破蛋数、蛋的受精数、无精蛋数、孵化过程中的死胚数、孵出仔鸽数、死鸽数、死鸽阶段。另外,还应记录每次投饲料数量、饲料和保健砂的配方、防疫注射等。以上记录内容要制成表格详细填写。

2. **乳鸽的饲养管理** 乳鸽是指出壳后至离巢出售或1月龄前的鸽,也就是处于哺育期的仔鸽。乳鸽的哺育有三种情况:一种是乳鸽出壳后由亲鸽自然哺育,但在生产中会有不少问题是亲鸽顾及不到的,需要饲养人员悉心护理,才能使乳鸽正常生长,使种鸽生产力得以充分发挥;第二种情况是乳鸽出壳后由亲鸽哺育7~8天,然后将其转为人工哺育;第三种情况是乳鸽一出壳就由人工哺育,第二、三种哺育方法都可以使亲鸽尽早恢复体质,早日产下一窝蛋。以上三种哺育技术在繁殖部分都已经讲过,这里不再重述。

(1)肉用鸽出壳的乳鸽重18克左右,眼未睁开,全身只有胎毛,斜卧于亲鸽的腹下。24小时左右已有饥饿感,于是它会不断伸展头部触动亲鸽的腹部和嗉囊,亲鸽便知道乳鸽的要求,用自己的喙含住乳鸽的喙,然后慢慢吐出鸽乳于乳鸽的嘴中,让乳鸽吮吸,乳鸽吃饱了又躺在亲鸽的腹部,在亲鸽抚育下舒舒服服睡觉。如果人工哺育,哺育室就需要加温,保持35℃左右,否则乳鸽会因受凉而生病死亡。

若出壳时2枚蛋只出1只乳鸽,或出2只乳鸽中途死亡1只,可以进行并窝,避免亲鸽哺育单仔造成生产力的浪费。并窝后有1对种鸽不必哺育乳鸽了,可以休息以恢复体能,并尽快再产蛋。同时也可以防止1

第二章　肉鸽高效饲养管理技术

对亲鸽哺育1只乳鸽，喂得过饱造成乳鸽消化不良。

（2）3~4天后，乳鸽睁眼，身体也逐渐强壮起来，身上的羽毛开始长出，并开始站起来学着走动，同时食量开始增加，消化力增强，此时期亲鸽需频繁地喂乳鸽，有时每天喂十多次。这时供给亲鸽的日粮营养水平要高些，可以增加饲料中豆类的比例，每日的供给量也要增加很多，比非育雏期的日粮要增加1倍左右。

乳鸽食量大后排粪也随之增多，往往会污染鸽巢，应多准备些柔软的干草和麻袋片或小布垫，一旦鸽巢被污染要及时更换垫草、布垫。这一阶段的乳鸽身体还比较弱、抵抗力不强，巢内不卫生容易引起疾病。

（3）乳鸽1周龄时，应及时戴脚环。脚环是鸽的"身份证"。肉鸽脚环多由鸡翅号来代替，其上打有号码，是出生时间和区分谱系的标志。

图2-12　带脚环的一周龄幼鸽

（4）乳鸽长到10日龄，新羽毛已经长了很多，此时亲鸽对其保温

时间会慢慢缩短；人工哺育的乳鸽育雏时温度可以降至 30℃ 左右，甚至可再稍低一些。这时亲鸽喂给乳鸽的食物也变成半颗粒状的饲料，有些乳鸽还不能适应，常常会出现消化不良或嗉囊炎。出现这一情况可给乳鸽喂有健胃助消化的功效的酵母片、多酶片或复合酶等。

（5）15 日龄的乳鸽体重可达到 400~500 克，羽毛已经基本长齐，活动自如，可以捉离蛋巢，前几天在笼底放一块 20 厘米 ×20 厘米的麻布，让它们在麻布上适应，才不会扭伤脚关节。这时的乳鸽还需要亲鸽哺喂，亲鸽喂食的饲料为原粮。多数的亲鸽这时已经开始产蛋，有些亲鸽产蛋后只顾孵蛋无心哺育乳鸽，影响乳鸽的生长。养鸽场应对乳鸽进行人工灌喂，以保证其正常生长。

（6）20~25 日龄后，乳鸽会在笼里四处活动，不过还不能啄食，仍然需要亲鸽喂食或人工灌服。如果这时乳鸽不离笼，当其饥饿时就会用自己的喙去碰触亲鸽或用身体去擦摩亲鸽讨食。亲鸽不愿意哺喂它们，开始强迫乳鸽独立生活。在饲养上应增加蛋白质饲料，以满足乳鸽的营养需要。但每天放料不能太多，以防亲鸽吃得太多而消化不良。另外，要保持鸽笼及鸽巢干燥、卫生。乳鸽长到 20~25 日龄已经开始上市出售，一般以 23 日龄上市为宜，因为这时料肉比最合适，且体重已 500~600 克，是适宜销售的重量。准备留种的乳鸽，可以继续留在亲鸽的笼中，待 28 天能独立生活时再捉离亲鸽笼，让亲鸽安心孵下一窝蛋，或经过休息再产蛋。

3. **童鸽的饲养管理**　养鸽生产中，往往把从捉离亲鸽笼起到 3 月龄的鸽称为童鸽，童鸽是留为种用的乳鸽，当童鸽刚刚转到新的鸽舍时，对新的环境不适应，情绪不稳定，食欲可能会减退。但不必担心，让其

饿几小时甚至十几小时之后,见到其他鸽在饲槽中采食时,它也会跟着找食。

童鸽在适应新环境时,机体的功能会发生较大的变化,如果不精心管理,它们的生长很容易受到阻碍,出现生病甚至死亡。应注意:鸽舍的温度必须适宜,在冬季应加温,舍内温度必须保持在15℃左右,20℃最佳;饲槽和水槽位置不能太高;供给细颗粒状饲料,饮水中加电解多维和维生素B;如果是夏天,鸽舍应注意通风和防蚊、蝇。

童鸽转出笼15天后,对新环境有了一定的适应能力,这时可以按童鸽的饲料和保健砂配方供给饲料和保健砂,也可开始洗浴及使鸽到运动场活动和晒太阳,以增强鸽的体重。

2月龄左右的童鸽开始换羽,为了促进换羽,饲料配方中能量饲料可以适当地增加,占饲料总量可在85%左右,火麻仁的用量增加到5%~6%。保健砂中适当加入穿心莲、龙胆草等中草药,饮水中加入益生菌液可预防消化道疾病。

4. 青年鸽的饲养管理　青年鸽即指3~6月龄的鸽,也称后备种鸽。3月龄的鸽,第二性征就有所表现,活动能力也愈来愈强,这时可进行取优去劣工作,公、母鸽分开饲养,并对鸽群进行驱虫,以保证其正常生长发育。

3~4月龄的青年鸽度过了50~80日龄的危险期后,进入稳定生长阶段。饲养方面,蛋白质含量高的豆类原料应占10%~15%,能量饲料应占85%~90%,并供给充足的维生素和微量元素。但是,这一阶段特别应重视的是限制食量,防止青年鸽体重超重。

图2-13 青年鸽

5~6月龄的青年鸽已经趋于成熟，日粮中蛋白质饲料应占20%~25%，能量饲料占75%~80%，此期间的饲料量应适当增加，同时重视保健砂中维生素、微量元素的添加量。

投料每天2~3次为宜，每次投饲料量不宜太多，约半小时以内将饲料吃完比较合适。吃完饲料后，饲养员应将饲料槽拿开或翻扣在鸽舍内，以防饲料槽被粪便污染。保健砂的供给应充足，每天供给1~2次，每次供给量为3~5克。晚上不需要补充光照。6月龄的青年鸽大多已经发育完善，主翼羽大部分更换到最后一支，这时应做好配对前的准备工作。

从童鸽期起鸽开始群养，鸽舍清洁卫生工作必须加强。例如：地面平养的，应每天打扫地面的粪便，并经常清洗食槽和水槽；如果是棚上养的，地面也不能积粪太多，也不能倒水弄湿地面，防止粪便发酵产生

有害气体污染环境。

青年鸽最好棚上饲养,因为地面饲养问题很多:首先是需要经常打扫卫生,否则鸽生活在肮脏的地面上极容易得病;其次是地面潮湿不利于青年鸽的生长发育;再者通风较差。更甚的是鸽由于飞动时扬起地面的羽毛、灰尘,使整群鸽易得呼吸疾病、球虫病、蛔虫病和眼病。棚上饲养时,常设活动栖架,既便于饲养管理,减少发病率,又增加了鸽的活动量,增强了其体质,为配对生产打下良好基础。

第三章 肉鸽的疾病防治

引起肉鸽发病的因素很多,如病原微生物的感染、寄生虫卵的感染、有毒物质致病、环境因素引起应激和营养缺乏等。与其他养殖业一样,肉鸽的疾病防治也必须贯彻"防重于治"的原则,以预防为主,治疗为辅。所以,首先要做好饲养管理工作,保证鸽群健康,增强免疫力,减少疾病的发生;其次是做好鸽舍和环境的清洁卫生工作和消毒工作,消灭传染源;再次是做好鸽体的免疫注射工作和药物预防工作,增加鸽这种易感动物的抵抗力。还要做好饲料、饮水、空气的清洁卫生工作,切断病原体的传播途径。

另外,肉鸽个体小,生命力比较弱,而且因笼养活动量小,对环境的适应能力较差,一旦受不良因素的影响,容易患病。一旦患病会给生产带来影响。种鸽发病即使治愈也很难维持原有的生产水平,必须进行淘汰;乳鸽一旦生病,即使治愈生长也会缓慢,也只能作为次品出售。所以疾病预防工作必须做好。肉鸽的疾病防治必须做好以下几方面的工作。

一、做好清洁卫生、消毒工作,消灭传染源

病毒、病菌、真菌、霉形体、衣原体、寄生虫卵等,都是传染源,必须做好清洁卫生工作以及定期的消毒,把它们从鸽的生活环境中清除

第三章 肉鸽的疾病防治

出去，确保鸽生活在健康的环境中。

1. 做好鸽舍的清洁卫生工作 鸽舍每天都应该打扫，首先是清除鸽笼承粪板上的粪便，清扫地面，保持鸽笼和鸽舍地面卫生；及时检查巢盆，发现麻布垫粘有粪便、垫料潮湿时，要及时更换，要保持巢盆清洁卫生；料槽、水槽也要及时清洗，保持清洁。

图 3-1　保持清洁的鸽舍

另外，要经常疏通场区内排水沟，清除积水；场区也要经常打扫，保持鸽场环境卫生。粪便清理出去后在固定积粪场堆积发酵，靠生物热杀死病原菌和寄生虫卵。

2. 做好鸽舍消毒工作 分地面和墙壁消毒、空间消毒。

（1）地面和墙壁消毒 在进鸽以前可用1%~3%的氢氧化钠、1%~3%的福尔马林、3%~5%的克辽林（臭药水）喷洒消毒；进鸽后用3%~5%的来苏儿、2%的氢氧化钠消毒。也可以用生石灰、石炭酸、过氧乙酸等

消毒。

（2）空间消毒　在进鸽以前，可按每立方米空间用20毫升福尔马林、10克高锰酸钾，二者作用产生气体，蒸发整个空间，对空间彻底消毒。具体做法是，准备一个陶瓷盆放在空鸽舍中间，按空间称取高锰酸钾放入陶瓷盆中，按空间量取福尔马林备用，在消毒开始以前关好窗户、暂打开门。操作人员将备好的福尔马林迅速地倒入陶瓷盆后离开鸽舍并关上鸽舍门，让产生的气体充满鸽舍空间。不急用的鸽舍熏蒸一天后打开门窗通风半天即可过鸽；急用鸽舍熏蒸3~4小时，打开门窗通风2~3小时即可过鸽。进鸽后不可用这种方法带鸽消毒，可用百毒杀按说明书配制溶液进行消毒。

二、做好饲料、饮水、空气清洁工作，阻断传染途径

1. **饲料卫生**　使用的饲料原粮要清洁干净、新鲜，有可能被环境污染的饲料要做好清洗工作。采购的饲料必须来自非疫区，且是当年的粮或是头年生产的粮食，不能采购多年的陈粮或发霉变质的粮。玉米最容易发霉，购玉米时必须认真检查，如果玉米粒脐子上有少量霉变点，就不能采购使用，否则会引起霉菌毒素中毒现象。

2. **饮水卫生**　饮水也必须清洁卫生，水源必须是自来水、井水，没有以上条件的如果用河水、塘水时必须进行消毒，确保干净卫生时才能让肉鸽饮用。夏季每天都要清洗饮水槽、饮水杯，换上新鲜清洁的饮水；春秋两季2天清洗一次饮水槽、饮水杯，每天都要换上清洁的饮水；冬季每周清洗一次饮水槽、饮水杯，每天换一次清洁的饮水。

3. **保健砂的卫生**　要求所供给的保健砂必须由清洁的原料配制而

第三章 肉鸽的疾病防治

成。保健砂中的蚝壳片必须是新鲜原料加工的，石米、粗沙、中沙、红泥等都必须在阳光下暴晒杀灭病原菌和虫卵后才能使用。中药粉、木炭末等也必须新鲜。保健砂必须现用现配，保持保健砂新鲜、充足、不结块。

4. 保持鸽舍空气新鲜 鸽舍必须通风良好，保持鸽舍空气新鲜鸽才不容易生病。冬季保温和保证鸽舍空气新鲜存在矛盾，在中午气温高时可打开窗户通风换气，到16:00左右关上窗子。什么时间关窗视鸽舍温度变化来决定，开窗后鸽舍温度下降5℃时就必须关窗，否则温度变化较大会引起鸽受凉感冒。鸽舍通风换气一方面带走飘浮在空气中的病原菌，使空气清洁；另一方面能使鸽舍空气含氧量增加，保持空气清新，这样鸽才不容易生病。

图3-2 通风通畅的鸽舍

5. 优化环境 保持鸽舍内有适宜的温度和湿度。乳鸽的体温调节能力很差，抗病力弱，鸽舍温湿度不良影响鸽的健康。鸽舍最适宜温度为

15~25℃，寒冷的冬季应注意防寒保暖，必要时鸽舍要加热供暖，生产鸽鸽舍最低温度为15℃；夏季要注意防暑，鸽舍温度应控制在30℃以下，如果夏季鸽舍温度超过35℃并持续几天，乳鸽就会生病。

另外，鸽舍要尽量减少不良因素发生，不良因素也能引发疾病，例如强烈的声响刺激会使鸽出现应激反应，造成鸽腹泻。

6. 建立合理的卫生消毒制度

（1）鸽场、鸽舍门口要设消毒池 在鸽场大门口要设消毒池，消毒池旁边建消毒室，消毒室上空吊紫外线灯，地面铺草垫，草垫上倒消毒液，外来人员进鸽场必须进消毒室，人站在含消毒液的草垫上消毒鞋底，并打开紫外线灯对来人照射5分钟，进行全身衣物消毒方能进场。大门口的消毒池内常年应有消毒液，凡车辆进鸽场必须经消毒池进行车轮消毒，以免把外界的病原体带入场内。

在每栋鸽舍门口要设小消毒池，消毒池内需一直放入有效的消毒液，饲养员进鸽舍时，必须走消毒池进行鞋底消毒。

（2）鸽场要建立必要的卫生设施 鸽场要建更衣室，饲养员进场后先到更衣室换上工作服和水靴；下班时到更衣室换上自己的衣服和鞋子方能出场，不能把工作服和水靴穿出场外。

场门口消毒池旁边还应设置大型高压冲洗装置，对进场的车辆在走进消毒池消毒车轮的同时对其冲洗和消毒。

（3）适时进行驱虫 定期检查肉鸽粪便，以便检查其体内是否有寄生虫，一旦发现鸽群中有的个体有寄生虫，应及时驱虫，即在患寄生虫鸽的鸽笼内放入一些低毒的驱虫药让病鸽吃。每年定期进行2~3次药浴，以杀灭体外寄生虫。

三、增强鸽的抵抗力

1. 肉鸽接种疫苗增加抵抗力

（1）肉鸽常用的疫苗及防疫程序　肉鸽生产过程中常用的疫苗有鸽瘟疫苗、鸽痘疫苗，鸽瘟疫苗有弱毒苗和灭活苗两种，乳鸽阶段只能用弱毒苗进行免疫。常用的弱毒苗为鸡新城疫Ⅱ系、Ⅳ系疫苗，灭活苗为鸽Ⅰ型副黏病毒油乳剂灭活苗。7~20日龄第一次接种，用鸡新城疫Ⅱ系或Ⅳ系滴鼻，按剂量稀释4~6倍后，每只2~4滴；留种鸽1月龄离巢时用同样的方法再接种一次；3月龄转入青年鸽舍时，用弱毒苗滴鼻，同时在颈部皮下或胸部肌内注射鸽Ⅰ型副黏病毒油乳剂灭活苗，每只0.5毫升；6月龄配对上笼时再接种灭活苗一次，每只1毫升，免疫期8~10个月。以后对种鸽可以在每年春、秋两季各免疫注射1次。

图3-3　肉鸽接种疫苗

预防鸽痘，疫苗为鸽痘弱毒疫苗或鸡痘弱毒疫苗，于每年3~4月接种1次，方法为翼下翼膜刺种。鸡痘弱毒疫苗用量要加倍。

HS亚型禽流感疫苗，2周龄时第一次免疫注射为0.3毫升/只，颈部皮下注射，6周龄和开产前各再免疫注射1次，0.5毫升/只，肌内注射。

（2）肉鸽疫苗四种接种方法

1）皮下注射　多注射在颈部皮下，如新城疫苗灭活苗。

2）刺种　一般在鼻瘤或翅下翼膜进行，如鸽痘。

3）肌内注射　多在胸大肌处进行。

4）毛囊接种　多在腿部进行，如鸽痘的接种。

2. **采取系列措施**　留种童鸽新进鸽舍，因其刚刚离开亲鸽，对环境的改变一时难以适应，此时最容易引起应激而诱发疾病。预防鸽群因应激引起腹泻，应在饲料中添加维生素、矿物质、益生菌等，并每隔1周左右饮电解多维水2~3天，可以提高鸽体抗应激能力和抗病能力。

进入换羽期的青年鸽，每13~15天换1根主翼羽直到开产。换羽是鸽自身产生的一种应激，称为内源应激，不但消耗大量能量，也消耗大量蛋白质用于长新羽毛。所以在肉鸽换第1、2根主翼羽时最易生病，这时应提高饲料的营养水平，特别是饲料中蛋白质饲料应增加。另外，还要增加维生素、微量元素和常量矿物质的用量，还要经常饮用电解多维溶液，以增强抗内源性应激的能力，提高抗病能力，降低死亡率。

四、鸽病的诊断与给药方法

1. **鸽病的诊断**　对鸽病的快速诊断可通过问诊、视诊、检查和剖检，有关诊断内容分述如下。

（1）问诊　询问病鸽发病前的情况：饲养管理情况、环境情况，疫苗接种情况、用药情况等；饲料与保健砂的配方、原料质量、配好后放

置时间长短以及是否曾添加过何种药物等；鸽场有无购进新种鸽，是否按规定进行隔离饲养进行观察，有无外来鸽或飞鸟进入，有无外来人员进场，病前有无气温和空气相对湿度突然变化的情况，有无应激因素的突然干扰。

特别注意询问本场鸽病的流行情况，附近养殖场疾病流行情况等，以便分析引发鸽病的因素。

（2）视诊　视诊主要是观察，即注意观察以下几个方面。

1）观察鸽群　即观察鸽群活动情况，每只鸽的精神状态、行为、眼神、羽毛等方面的状态。病鸽表现异常，如头颈蜷缩、不爱活动、离群独处、精神沉郁、羽毛蓬乱、眼睛无神、呼吸急促，有的还出现抽搐等症状。

2）看饲料及饮水情况　正常种鸽的食量为每只每天50~60克；饮水量在温度偏低的晚秋、冬季和早春每天每只20~30毫升，晚春、夏季、早秋气温偏高的时期每天每只为40~70毫升，春季每天每只饮水为30~40毫升，夏季哺育亲鸽每只每天饮水在50~70毫升。鸽采食量减少、采食时间延长、出现挑食，饮水量增加或减少都是异常现象。鸽食欲减退，采食量减少，常见于一般性疾病、热性疾病；食欲废绝、拒食，病情严重，常见于如口咽炎或食道阻塞等病；采食量时多时少常见于慢性消化道疾病；有异食癖，如食毛、食蛋或其他异物，可以判断为缺乏维生素、微量元素，或钙、磷比例失衡，以及严重的消化道疾病或寄生虫病。

饮水方面，除了天气较热及运动量大增加饮水以外，一般严重下痢或发热性疾病，常见鸽频频饮水，病情严重时反而出现饮水量减少或不饮水的情况。

3）看鸽粪情况　正常的鸽粪是浅褐色、灰黄色或灰黑色，形如短条状或螺旋状,粪便的末端或周围有白色附着物。鸽拉稀,除了严重应激出现短时间拉稀外,就是消化不良或卡他性炎症;粪稀烂恶臭且带有白色或浅绿色黏液,周围有泡沫,可能是患了沙门杆菌病、鸟疫、球虫病等;粪便由绿色变为黑绿色,可能是上述疾病进入后期达到很严重的程度;粪便呈肉糜状,可能是肠道卡他性炎症或寄生虫病;粪便干燥呈粒状,可能是便秘、缺水;粪便上有白色黏液或红色黏液,可能是球虫或出血性肠炎;若粪便为黑色,则可能是胃或小肠出血;粪便常被一层黏液裹着,有时还有血迹,可能是肠炎。

(3)检查 对鸽的检查项目很多,罗列如下,这也是诊断鸽病的依据。

1)皮肤与体温检查 皮肤检查主要是检查皮肤的颜色以及表皮是否有损伤、充血、出血、丘疹及肿瘤等。患鸟疫、肺炎、亚硝酸盐中毒及贫血等,都可能导致皮肤呈紫蓝色;皮下出血是中毒的症状或维生素K缺乏。

另外,在检查鸽是否健康时,首先要检查体温,鸽正常体温为40.5~42.5℃。鸽患传染病时体温会超过42.5℃,体温低于40.5℃则表示体质很弱或濒临死亡。

2)羽毛检查 羽毛出现脏乱、折毛、掉毛等现象,多由体外寄生虫

图3-4 鸽病诊断

第三章 肉鸽的疾病防治

所引起。

3）眼睛检查　健康的鸽眼睛干净有神，若眼结膜潮红或苍白，角膜损伤或穿孔，瞳孔混浊或缩小，有黏性或脓性分泌物，则可能患有眼炎、鸟疫、维生素 A 缺乏症及霉形体病等。

4）鼻瘤检查　健康鸽的鼻瘤干净且有弹性，呈浅红色或粉红色，如出现潮湿污秽、肿胀、色泽暗淡，则是发病的表现。

5）呼吸频率的检查　鸽在正常情况下，每分钟呼吸次数为 30~40 次，当肉鸽运动、气温升高时，呼吸次数会有所增加。在有病的情况下，如发热、肺炎、肠胀气、贫血、体内有害气体增加时，会出现呼吸浅表、呼吸频率增加。当出现昏迷、上呼吸道分泌物不完全阻塞或异物引起的气管狭窄时，可见呼吸频率降低。

6）鼻孔检查　健康鸽的鼻孔是干净的，无分泌物流出，当肉鸽患鼻炎、喉气管卡他、鸟疫、霉形体引发疾病时，鼻孔内有大量的分泌物流出，沾污鼻孔周围及鼻瘤，会表现出不安、摇头，甚至咳嗽、打喷嚏、喘气或张口呼吸的症状。当鸽鼻腔有大量分泌物蓄积和发生坏死性肺炎时，其呼出的气体伴有臭味。

7）咽喉检查　用双手轻轻打开鸽喙，检查有无潮红、肿胀、分泌物、假膜、烂喉、溃疡等，若有则可能是患有咽喉炎、白假丝酵母病、白喉型鸽痘和毛滴虫病等。见口腔有粟粒大小的灰白色结节时，可能是维生素 A 缺乏症。

8）嗉囊检查　检查嗉囊是否有饱胀发硬的症状。将鸽倒转时有水样物流出，并有酸臭味，则可能是消化不良，以及硬或软嗉囊病。

9）泄殖腔检查　检查泄殖腔有无充血、出血点的现象，如果有可能是肠炎、副伤寒、Ⅰ型副黏病毒病。

（4）剖检　对死亡的鸽体进行解剖，对内脏各系统进行检查也是诊断的一种手段。剖检应在病鸽死亡后尽早进行，以便准确地观察到病变情况。解剖时应首先剥离皮肤，观察鸽的皮肤及皮下组织是否正常，随后可以打开胸腔、腹腔，对内脏进行检查。检查脏器包括气囊、腹膜、食道、气管、心、肝、胃、脾、肾、胰等，观察其上有无病灶、炎症表现以及其他异常现象。

2. **给病鸽投药方法**　包括群体给药和个体给药。群体给药有温水给药法、混料给药法、保健砂给药法及外用给药法，个体用药包括口服给药法和注射给药法。

（1）群体给药

1）温水给药法　本方法是将给鸽群投的药溶于水中让鸽饮服，这种方法适于在水中药效不被破坏的药物，药液当天配当天用完，当天用不完的也可以隔天使用；而在水中容易被破坏的药物，则必须在规定的时间内饮完，这样方能保持药效。通过饮水给药时，必须在给药前2小时左右停止供水，以便使鸽饮到足够的药液。用药时要计算好药的用量，确定配制的浓度，按春、秋、冬季每只鸽每天饮30～40毫升，夏季每只鸽每天饮50~60毫升水计算，把每天每只鸽的平均用药量加入水中，确保鸽每天的用药量。

2）保健砂给药法　根据鸽群日龄（或年龄）确定每天每只鸽采食保健砂的量，然后称取每天每只鸽的平均用药量加入保健砂中，现用现配，确保鸽吃够足量的药物。因保健砂所含药物成分较多，含有大量的常量矿物质和微量元素、维生素，用药时应考虑这些物质对用药的影响，以免影响药效。例如，土霉素、四环素等不能与钙离子一起使用，在保健砂中加入这些药物时，暂时不加含钙的原料。

3)混饲给药法 有的养鸽场使用的是全价配合颗粒饲料,可以按每天每只鸽需要的饲料量将每天每只鸽需要的药量加入饲料中,也能确保鸽吃足药量。不用全价配合颗粒饲料的鸽场,而所用的药又不溶于水,又不能加入保健砂中,可以将其混入少量水中喷在饲料上拌匀喂鸽。

4)外用给药法 多为洗浴用药,用量要适度,称量药物要认真、准确,防止药物中毒。

(2)个体给药 即对患病的鸽隔离饲养单独用药治疗的用药方法,一是口服给药法,二是注射给药法。

1)口服给药法 用药量准确,用于个别病鸽治疗。片剂、丸剂、胶囊可以直接投入口里。即投药人将鸽喙打开,把药粒投向其口腔深处,并灌入少量的水,冲服药物进去。如果是水剂,可用胶管插入食道较深一点的部位,将药液灌入,胶管不能插得太浅,否则药液易进入气管呛入肺中造成麻烦。如果是粉剂,可以配成水剂,再按水剂灌药的方法进行灌服。

2)注射给药法 这种方法尽量少用,因为鸽小,肌肉少,注射时容易造成损伤。必须采用肌内注射时,一是要用小针头,二是要小心操作,进针不能插得很深。注射部位应在大腿肌肉厚的部位或胸脯。

五、肉鸽常见病的防治

1.鸽瘟 即鸽Ⅰ型副黏性病毒病,俗称鸽新城疫,是一种急性传染病。本病是高接触性传染病,是引起鸽群死亡最为严重的疾病之一,严重威胁着养鸽业。但是,目前已研制出了预防鸽瘟的疫苗,并建立了防疫程序,只要按程序防疫,做到防重于治,就能避免本病的发生。本病的主要特征是腹泻，同时伴有脑脊炎相关症状，发病率、死亡率高，传播迅速。

图 3-5 染鸽瘟的鸽

（1）病原体　为鸽Ⅰ型副黏病毒，与鸡新城疫病毒同属，具有高度的交叉免疫原性，一般的鸡新城疫病毒可引起鸽发病，但鸽Ⅰ型副黏病毒一般情况下不会引起鸡发病。

（2）流行特点　鸽的各日龄都能发病，但以乳鸽、童鸽最易感，发病率高，一年四季都能流行。从疫区引种鸽是本病传播主要途径，野鸟落到鸽运动场也可以把病毒带至鸽场，一旦有蔓延条件，就能引发本病。

（3）症状及病变　本病发生后主要症状是下痢和神经症状。首先是发生严重的下痢，拉黄绿色稀粪；表现为精神沉郁、食欲减退、饮欲增强、体温升高、羽毛松乱、呼吸困难、眼鼻发炎并有分泌物。出现各种神经症状，如翅膀下垂、腿部麻痹、扭头歪颈、肌肉震颤、行走困难、共济失调。有的病鸽头向后仰，有的病鸽做圆圈运动，最后身体衰竭而亡。病鸽死亡率高达 50% 以上，病愈的鸽失去种用价值。

第三章 肉鸽的疾病防治

解剖病死鸽尸体，皮肤较难剥离，剥开后会发现皮下有广泛性淤斑性出血，颈部尤为明显，有红、紫红、黑红等色；肺多有不同程度的灰色病变；脾有淤血斑；胰腺有充血斑及色泽不均的大理石状纹；肌胃角质膜下有斑状充血或出血；小肠至肛门的肠黏膜常充血。此病例有的喉头、气管黏膜充血或出血，有的内充液呈现干酪样。

根据鸽拉稀、神经症状以及乳鸽大批死亡等综合情况就可以作出判断，必要时可以通过解剖检查死鸽内脏病变作出初步诊断。但必须注意的是，本病应与鸽副伤寒病加以区别。鸽副伤寒病也表现腹泻和神经症状，但还表现为关节肿大，呈散发性死亡，对病鸽用一般的抗病毒治疗可取得良好的效果。如果要确认，必须进行实验室的病毒分离、血清学检查才能有确切的把握。

（4）防治

1）预防　接种疫苗是行之有效的预防措施，接种的方法是采用颈部皮下接种，其效果比翼下或肌肉接种方法更好。采用鸽Ⅰ型副黏病毒灭活油乳苗，可收到良好的效果。一般接种1次便可产生良好的免疫力，安全且反应小。如果采用鸡新城疫Ⅱ系、Ⅳ系冻干苗，则反应大、效果差，保护率也不是很高。在发生本病的鸽群里，切忌使用弱毒苗，以免扩大疫情。但鸡新城疫病毒灭活苗，应急时使用可以达到一定的效果。

接种疫苗时必须两人合作操作，一人抓鸽，另一人进行接种。抓鸽者一手捉住鸽颈，另一手捉住鸽脚和两翅并向后拉。接种操作需把鸽颈注射部位的羽毛用酒精涂湿后，再捏住其颈背皮肤并拉起，形成一个三角突起，拨开毛小心注射。每只注射量按疫苗说明书规定的量注射。每年最好防疫注射2次以提高免疫力。

2）治疗　本病无特效药治疗。试用中药治疗可缓解病情，有的个体能存活。配方：①银翘解毒片1日2次，1次1片，连用3~5天；②金银花、板蓝根、大青叶各20克，煎水灌服，每只鸽每次5毫升，每天2次，连灌3~5天；③黄芩100克、桔梗70克、半夏70克、桑白皮70克、枇杷叶80克、陈皮30克、甘草30克，水煎供100只鸽饮用，每天1剂，连饮3天。

2. 鸽痘 鸽痘是病毒性传染病，比较常见，几乎每个鸽场都曾发生过，但对鸽群威胁不是很大。本病主要是对乳鸽危害较大，会使患病乳鸽生长缓慢，甚至体质虚弱死亡，出栏率低；即使活下来的乳鸽级别也会下降，价格也会随之降低，造成经济损失。

图 3-6　鸽痘病

本病的主要特征是皮肤上起痘并形成痘痂，或在喙部和喉部形成一层黄色干酪样假膜。

（1）病原体　为鸽痘病毒，在鸽的皮肤和口腔黏膜上生存，并形成明显的增生现象，特别是当某些原因导致鸽体免疫力下降的时候，增生现象更为严重，使鸽体出现症状。

（2）流行特点　本病的流行季节为气温偏高的时期，如春末、夏季

第三章　肉鸽的疾病防治

和初秋，雨季更为严重。乳鸽对本病特别敏感，童鸽也会发生，但成年鸽特别是产鸽很少得本病。研究发现，吸血昆虫，特别是蚊子是本病病原体的传播媒介。鸽痘病毒一般通过唾液、鼻分泌物和泪液感染，很少经粪便传染。含有病毒的灰尘、被污染的饲料或饮水等也是主要途径。

（3）症状及病变　本病根据痘疹发生部位的不同将其分为两种类型，即皮肤型和黏膜型。

1）皮肤型　痘疹发生在裸露的皮肤上，多在眼睑、鼻瘤、肛门、脚腿上。开始时为灰白色小结节，慢慢变成棕褐色的结痂，若有细菌感染时，痘痂会出现化脓现象，一般痘痂在3~4周后自行脱落，留下一平滑灰白色的瘢痕。

2）黏膜型　流行盛期在鸽喙部、喉部的黏膜上发生鸽痘，开始为黄白色小结节，以后形成一层黄白干酪样的假膜，有恶臭气味，不易剥落。因此有人将其称为痘白喉，严重的病鸽将影响呼吸和采食，导致病鸽窒息或饿死。

鸽痘病比较容易诊断，根据发生的特征，如裸露的皮肤形成痘痂和咽部形成不可剥离的假膜，再结合流行季节，即可作出判断。

（4）防治

1）预防　对本病没有特效药治疗，以预防为主。预防可以采取两种措施：①接种鸽痘弱毒疫苗，以提高鸽体对鸽痘病毒的抵抗力，可以起到良好的保护作用，实践证明保护率可达到80%以上。一般在春季开始对乳鸽和童鸽接种疫苗，1日龄的乳鸽就可以接种，接种在乳鸽翅膀内侧无血管部位的皮下。操作需要两人，一人持注射器，另一人拿乳鸽并展开翅膀，拔去翼膜上的绒毛，在翼膜上滴1滴稀释的疫苗，再用针头在滴疫苗处的皮肤上连刺3~5次。接种7~10天后检查刺种的部位，看是否

出现痘疹和结痂。此疫苗接种后无明显反应，若能控制鸽痘的发生，说明有效。②消灭鸽舍蚊子。蚊子是鸽痘病毒传播的主要媒介，做好防蚊工作可以降低鸽痘病的发病率。主要措施是：消除鸽舍外的杂草和积水，经常喷洒灭蚊药水，以减少蚊子滋生；在鸽痘流行季节，还要坚持在鸽舍内做好驱蚊工作，如在黄昏时喷少量低毒的杀虫药在乳鸽、幼鸽的身上，或在鸽舍内点蚊香等以驱除蚊子。

2）治疗　鸽痘病虽然目前还没有特效药治疗，但是为了减轻病情、降低死亡率并防止扩散，可以采取一些方法进行治疗。具体措施有以下几个方面：①口服病毒灵（盐酸吗啉双胍片）每天每只1片，连用5~7天，能促进痘痂干燥、萎缩和脱落；②注射青霉素每只每次1万~4万单位，每天2次，连用3~4天，控制继发感染；③补充多种维生素，提高病鸽免疫力，使其尽快康复。

另外，还可以用手术的方法治疗，即对已成熟的痘疹，用消过毒的镊子或小剪刀，小心剔除患部的结痂，用2%~4%的硼酸水或人类医学用的过氧化氢溶液洗涤，再在患部涂上碘甘油、抗生素软膏或皮康霜等。对未成熟的痘疹可用小烙铁或手术刀在酒精灯上烧红，立即烧烙痘疹部位，然后再涂上碘甘油、抗生素软膏防止发炎。对喉部的假膜，小心用镊子剥离，然后涂上碘甘油等抗菌消炎药物。在手术处理过程中为了防止细菌继发性感染并加快处理部位痊愈，应在饲料中加入四环素、金霉素，每天每只按0.25克投给，或按饲料的0.04%、饮水的0.02%加入喂给。在保健砂中加入维生素A，以增加病鸽抵抗力。

3. 鸽流感

（1）病原体　本病是由A型流感病毒引起的接触性传染病，以头、颈、胸部水肿和眼结膜炎为特征。

第三章 肉鸽的疾病防治

图 3-7 染鸽流感的鸽

（2）流行特征 每日龄的鸽都易感染，但以乳鸽最敏感，其次是童鸽和青年鸽。每年从秋末到第二年的初春最为流行。该病因感染毒株的毒力及鸽的年龄因素等不同而表现的症状不相同，感染 H9 亚型禽流感病毒时，一般无明显症状，只是种蛋孵化率略有降低，乳鸽早期死亡率稍高。如果感染了高致病力的 H5 亚型禽流感病毒时，乳鸽死亡数量增多，于 3~5 日龄。

（3）症状 病鸽表现为精神委顿，缩颈，食欲减退，逐渐消瘦，排黄绿色带黏液稀便，采食量下降或拒食，最后衰竭而死亡。病鸽鼻腔分泌物增多，呼吸急促，眼肿胀，流眼泪，眼睑被浆液性分泌物粘住。解剖检查发现该病病理变化为：感染 H9 亚型禽流感病毒时，母鸽输卵管充血、水肿，但气管、支气管和肺均无明显病变；感染 H5 型高致病性禽流感病毒时，死亡乳鸽及种鸽肌胃角膜下、十二指肠黏膜均有明显的出血斑点，胰脏水肿并有黄白坏死点，肝肿大呈暗红色，有时气管、支气管和肺充血和出血，有的还可见泄殖腔充血、出血、坏死。

（4）防治

1）预防　保持鸽舍空气流通，并注意鸽舍防寒保暖；防止鸽群密度过大；对种鸽和后备种鸽注射禽流感疫苗，一般可选用鸡用的H5/H9二价灭活油苗。在乳鸽14日龄时进行第一次接种，以后每隔3个月接种1次，每只每次肌内注射0.3~0.5毫升。若发生疫情时，应立即上报畜牧主管部门，同时严密封锁鸽场，捕杀所有肉鸽并进行清理。

2）治疗　本病为烈性传染病，发生疫情的鸽场鸽全部处死，不允许治疗。

4. 沙门杆菌病（伤寒）　本病又称鸽副伤寒，是养鸽常见的地方性传染病，也是引起鸽死亡的主要危害病之一。主要特征是引发病鸽下痢、关节炎、运动神经功能障碍。

（1）病原体　为鼠伤寒沙门杆菌，主要寄生在鸽肠道内。

（2）流行特点　各种年龄段的鸽都能感染发病，但以乳鸽、童鸽发病率高，死亡率也高，青年鸽次之；成年鸽发病呈慢性反应，发病率、死亡率都不高。病鸽治愈后，将会成为永久带菌者，从粪便中持续排出病菌，危害鸽群。在正常情况下，较少发病，当受到不良因素的刺激，特别是低温、阴雨时，抵抗力下降，最容易感染本病。

本病传播途径主要是通过食道和鸽的接吻、哺喂饲料造成乳鸽发病。被感染的乳鸽很容易死亡。此外，飞沫、灰尘等也能从呼吸道进入而造成感染，场内的老鼠、苍蝇也是本病传播的媒介。

（3）症状　乳鸽、体弱鸽感染本病菌后，不是很快出现症状，一般在4~5天会出现严重的肠炎，并迅速变为急性败血症，有的出现急性死亡；青年鸽及产鸽感染本病菌后，病情慢慢加重，其症状有四种类型。

1）肠道型　以下痢为主要特征，初期排出水样粪便，1~2天后转为

第三章 肉鸽的疾病防治

绿色、恶臭并带有未消化食物的粪便，呈黏胶状，肛门周围附有石灰样的污物。解剖死鸽尸体时，可见肠道卡他性炎症病变，常见到充血和出血。大多数病鸽出现的是肠道型。

2）关节型　主要以关节炎症为特征，病鸽多表现为单侧性的关节炎肿胀、扭曲和僵硬，尤以肘关节和踝关节为常见。病鸽活动时表现为单腿站立、独脚跳跃，或短步急行、翅膀下垂、飞行困难、不愿做飞的运动。

3）内脏型　除了肠道以外，其他器官也发生病变，如肝、脾、肾、心脏、胰脏全部或部分出现针头大小至粟粒大小，呈油污状灰黄色的结节，以肝脾的结节较为明显，并伴有肿大，肺部的结节较大，甚至涉及肺的大部分，呈干酪样坏死。公鸽的睾丸常见单侧性肿大或有坏死灶，雌鸽并发腹膜炎、卵巢炎，有黄色干酪样物。

4）神经型　病鸽出现神经症状，主要出现为扭颈歪头，头向后仰或做圆周运动，甚至倒地抽搐，呈阵发性发作。

以上四种类型的症状以肠道型和内脏型出现的概率较大，关节型和神经型较少出现。鸽患沙门杆菌病时可以是单型症状出现，也可以是两型同时出现，特别是肠道型往往与内脏型同时出现。

（4）鉴别诊断　沙门杆菌病的几个症状类型容易与寄生虫性肠炎、鸟疫、骨折、痛风、曲霉病等的一些症状相混淆，应加以鉴别。

1）寄生虫性肠炎　鸽毛细线虫病、蛔虫病、球虫病引起的腹泻粪便中水分较多，粪便呈糠麸样，而沙门杆菌腹泻粪便则呈黏液状和泡沫状。寄生虫性肠炎用镜检粪便时可以检测出虫卵或卵囊，而单纯的沙门杆菌引起的腹泻粪便检测不到虫卵或卵囊。

2）鸟疫　幼鸽患沙门杆菌病时常为急性症状，临床诊断不容易与鸟疫区别，同时两种病的内脏都出现肝、脾肿大，必须经实验室诊断才能

最后确诊。

3）骨折、痛风　骨折或痛风主要症状也是关节肿大、跛行。但沙门杆菌的关节变化可在一定数量的鸽中重复出现，且数量较多，而骨折、痛风是少数个体。通过解剖，痛风的鸽的气囊膜、肝包膜、腹膜、心包膜等表面覆盖石灰样的尿酸盐。

4）霉菌病　内脏型沙门杆菌病的死鸽肺部的灰色结节可能与曲霉菌病的肺部灰色结节相混淆，但曲霉菌病的结节在肺的表面呈真菌样生长，而沙门杆菌的结节则形成肿瘤样，散布在各个器官。

（5）防治

1）预防　预防本病主要是搞好清洁卫生、防疫工作和饲养管理工作。如：定期对鸽舍进行清扫、消毒；对鸽进行检疫、检查；选用健康的种鸽的蛋孵化；人工孵化时应注意种蛋的消毒，以及孵化室、育雏室使用前的消毒；不用带菌鸽作为种鸽；若场内已被污染或已经有本病存在，应定期进行预防性投药。

2）治疗　①把0.5%的金霉素或0.01%~0.2%的土霉素或0.01%~0.02%的禽喘灵拌入保健砂中，连用5天；②把0.005%~0.007%的强力霉素或0.01%~0.02%的红霉素溶于水中，进行饮水治疗，连用3~5天为一个疗程，一般2~3个疗程可控制病情；③链霉素按每只鸽每次5万单位，每天2次，连用3~4天；④个别治疗可选用青霉素5万单位、链霉素3万单位、庆大霉素1万单位肌内注射或灌服。

5.巴氏杆菌病（霍乱）　本病又称出血性败血症和禽霍乱，是由多杀性巴氏杆菌引起的急性传染病，发病的主要特征是起病急、病情重、死亡快。

（1）病原体　为多杀性巴氏杆菌。是革兰阴性菌，两端钝圆、细小，

第三章 肉鸽的疾病防治

呈卵圆形的短杆菌。由于其毒力强弱不同,可以分为三种菌落形态:光滑型(S型)、粗糙型(R型)、黏液型(MI型)。巴氏杆菌对环境因素的抵抗力不强,一般常用的消毒液就能将其杀死。

(2)流行特点 所有的鸽场都有可能发生,以童鸽和成年鸽发病率为高。一年四季均可发生,但天气炎热时发病率较高。本病的主要传染源是引进种鸽带入病鸽,病鸽的排泄物、分泌物污染饲料、饮水等而引起健康鸽发病,带菌的其他家禽或外来参观者消毒不严都会成为本病的传播媒介。

图 3-8 染霍乱的鸽

(3)症状 病鸽一般呈急性神经症状,表现为精神沉郁、颈缩毛松、离群独居、体温高达 42.5℃ 等。口渴,频频饮水,嗉囊胀大,口腔黏液增多,倒提时病鸽口腔会流出带泡沫的黄色黏液。食欲减退或拒食,粪便多呈白色或绿色。眼结膜潮红,鼻瘤灰白,喙、眼、鼻瘤等部位潮湿且污染脏物,病鸽常在 1~3 天后死亡。

剖检可见:食道、嗉囊积物,酯臭;肺淤血或有出血点;心冠脂肪及心外膜也有出血点;心包积液增多;肝肿大,有针头大小的灰白色的坏死点;肠卡他性病变,出血;肾肿胀。

发现鸽群中有突然死亡的鸽，剖检时见心冠脂肪和消化道黏膜有出血点，脾正常，肝有针头大小的灰白色坏死点，可以结合流行情况诊断为巴氏杆菌病。确诊还需要进一步进行实验室检查。

（4）鉴别诊断　本病还要与鸽瘟、沙门杆菌病进行鉴别诊断。

1）鸽瘟　传播快，发病率和死亡率都高，剖检全身有广泛充血出血，甚至涉及脑，有较多的神经症状。而巴氏杆菌病则呈散发性流行，发病比较缓慢，无神经症状表现。

2）沙门杆菌症　本病病鸽表现为腹泻、拉绿色粪便，剖检发现肺、肠等器官有结节，脾肿大，神经型病例有神经症状。但巴氏杆菌病的死鸽解剖脾正常，肺肠等器官无结节，且无神经症状。

（5）防治

1）预防　鸽场应加强饲养管理，如果附近鸽场发生本病时，应与其绝对隔离，人员、物资都不要往来，更要注意不要让外界的鸟飞入鸽场。如果本场出现本病，要隔离病鸽，对因本病死亡的鸽应深埋。对病鸽使用的笼、饲槽、水槽等一切用具都要消毒，对鸽舍地面、墙壁都要进行消毒。

2）治疗　对隔离的病鸽要进行治疗，其用药情况为：①链霉素口服，每只5万~7万单位，或肌内注射每只3万~4万单位，1天2次，连注3~4天；②长效磺胺，每只每次口服0.5克，每天1次，连用3天；③磺胺二甲嘧啶按0.3%~0.5%加入饲料喂服，连用5天；④氟苯尼考按50毫克／千克料喂服，连用3天；⑤敌菌净按每千克鸽体25~40毫克混于1天的保健砂中，连用3~5天。

6. 鸽大肠杆菌病

（1）病原体　本病病原体为致病大肠埃希菌，潜伏期为几小时至3天。

（2）症状　症状可分为以下几种类型：

1）急性败血型　病鸽精神沉郁，食欲、渴欲减退或拒食、拒饮，羽毛松乱，呆立，流泪，流涕，呼吸困难，排黄白色或黄绿色稀便，全身多器官衰竭。最急性病例会突然死亡，剖检可见胸肌丰满潮红，嗉囊内充满食物，发出特殊的臭味，肠黏膜充血、出血，脾脏肿大、色泽变深，有时可见腹腔有淡黄色或灰黄色透明积液，肛门周围有粪污。特征性病变是肝周围、心及气囊覆盖有淡黄色或灰黄色纤维素性分泌物，肝质地坚实有时有古铜色变化。

2）大肠杆菌性肉芽肿型　除一般症状外，肉眼可见的变化是胸、腹腔脏器官出现大小不等、近似枇杷的增生物，有时呈弥漫性散布，有时则密集成团，呈灰白色、红色、紫红色等。切开可见内容物为干酪样，各内脏器官有不同程度的炎症。

3）其他型　均由大肠杆菌局部感染引起，主要表现为局灶性炎症，并呈化脓、坏死、干酪样渗出等。

（3）防治

1）预防　鸽场日常做好环境清洁卫生工作，饲料、饮水应做好清洁卫生工作及防疫消毒工作；接种大肠杆菌多价疫苗，或本场病鸽分离出的大肠杆菌制成的自家疫苗。

2）治疗　一旦发生大肠杆菌病应及时隔离治疗，具体方法如下：①肌内注射链霉素，幼鸽每只每次10~25毫克，成年鸽每只每次20~40毫克，每天2次，连用2~3天；②肌内注射卡那霉素，每只每次4~8毫克，每天2次，连注3~4天；③金霉素、土霉素、强力霉素以0.01%~0.06%的比例加入饲料喂服，或以0.004%~0.008%的浓度加入水中饮水治疗，连用3~4天；④磺胺嘧啶或磺胺二甲嘧啶或磺胺噻唑按0.5%的比例混入

饲料喂服或按 0.2% 的比例加入饮水饮服，连用 3~4 天。

7. 溃疡性肠炎　本病亦称"鹌鹑病"，鹌鹑最易感染，鸽也易感染，是鸟类的一种急性细菌性肠道传染病。其发病的特征是发病急、传染快，病鸽出现坏死性肠炎。

（1）病原体　肠道梭菌。

（2）流行特点　本病多发生于幼鸽，青年鸽和种鸽较少发生；南方每年 3~6 月的梅雨季节，北方夏天的雨季，幼龄鸽发病率较高。主要的传染源是带菌粪便，鸽吃了被污染的饲料、饮了被污染的水、用了被污染的垫料则会被感染。

（3）症状　呈急性死亡的病鸽症状不十分明显。非急性死亡的鸽，可见：精神沉郁，身体蜷缩；饮欲增加，食欲降低或拒食；腹部膨胀，腹泻、下痢；粪便呈白色水样，后期变为绿色或褐色，呈糊状；脚干枯，日益消瘦。一般 7~10 天后死亡。急性死亡的鸽，一般只见肠道黏膜出血，其他病变不明显。非急性病例可见整个肠道有严重出血、坏死性黄色病灶。把坏死物剥离后，可见肠壁下陷形成溃疡。脾充血肿大，肝可见淡黄色斑点状坏死或灰黄色的小病灶。

（4）鉴别诊断　根据病鸽下痢、肠道出血性坏死、溃疡可以初步作出诊断。但应注意与鸽球虫病、沙门杆菌病、肠炎相区别。

1）鸽球虫病　脾不充血肿大，肝没有坏死灶，只在肠道中出现不带坏死性的较轻的肠炎。

2）沙门杆菌病　有关节肿大和神经症状，而肠梭菌病无以上症状。

3）肠炎　一般性的肠炎没有肝、脾变化的特征。

（5）防治

1）预防　主要是做好鸽场内外环境卫生：鸽笼内外的清洁卫生，以

及消毒工作。

2）治疗 大群治疗可按每只鸽每天用青霉素2万单位、链霉素3万单位混于水中饮用治疗，连用3~5天。个别治疗可用青霉素2万单位、链霉素5万单位、庆大霉素1万单位，肌内注射，每天2次，连注射3天。

8. 鸽的一般性肠炎

（1）病因 鸽吃了发霉变质的饲料，饮用了不清洁的水，食用保健砂不足，或误食难以消化的异物都可能引发肠炎。此外，天气突然变化、环境潮湿污秽、饲料配方突然变化等都可能引起鸽消化不良，进而引发肠炎。

（2）症状与病变 病鸽食欲减退，腹泻严重者粪便呈黑绿色或褐红色，肛门周围羽毛被粪便沾污。亲鸽患本病时常常停止哺育乳鸽。

剖检病死的鸽，可见：腺胃有出血点或溃烂，肌胃角质膜很容易剥离，下层有充血点或出血点，肠道肿胀，或有充血、出血和坏死灶，大肠也有出血点，内容物呈浅绿色，有臭味。

一般根据临床表现和解剖特征可以作出诊断。溃疡性肠炎、鸟疫、沙门杆菌病和球虫病均能引起病鸽腹泻，应注意区分。

（3）防治

1）预防 平时做好饲养管理工作，尤其是在春季或夏季要注意做好饮水卫生和饲料卫生工作，饲料原料应相对稳定，必须调换时必须有个过渡过程。

2）治疗 口服诺氟沙星按每千克鸽体重10~15毫克加入饲料喂服，连用3~5天；恩诺沙星按每千克体重3~5毫克肌内注射，每天2次，连用3天，必要时停药2天后再用3天；土霉素按饲料重量的0.04%加入饲料喂服，连用3~5天。

9. 嗉囊病　嗉囊病分三种类型，即硬嗉囊病、嗉囊食滞和嗉囊酸酵消化不良。

（1）病因　出现鸽嗉囊病的因素有以下几个方面：①消化功能降低，而食入量过大；②误食难以消化的异物，造成阻塞，出现食滞；③吃了变质的饲料，出现慢性中毒现象；④饮水不足或饮水源污秽引起消化系统发炎；⑤保健砂量小或保健砂不洁净。

（2）症状　本病各年龄的鸽均可以发生，以1~3月龄的童鸽较为多见。发生本病的鸽食欲减退，嗉囊胀大，用手触摸嗉囊时有的坚实，有的绵软或有波动感。呼出的气体气味酸臭，口腔唾液黏稠，饮水增多，排粪减少，粪便稀烂或便秘。严重的病鸽嗉囊会溃烂，甚至死亡。

根据病鸽出现的症状以及解剖观察嗉囊，不难作出诊断。

（3）防治

1）预防　平时注意鸽的饲料卫生、饮水卫生、保健砂清洁，饮水要充足，保健砂要供给足够的量。

2）治疗　发现鸽出现嗉囊胀满，呼出的气体气味酸臭，应立即把嗉囊中的食物挤出，再用2%的食盐水或0.1%的高锰酸钾溶液灌入其嗉囊，然后再挤出，反复2~3次，达到清洗嗉囊的目的。然后喂食酵母片，乳鸽每只1片，青年产鸽每只2片。再喂食土霉素片1片，灌服维生素B注射液3~5毫克，每天一次，连用3天。

10. 鸟疫　鸽鸟疫又称衣原体病，俗称鹦鹉热。多种鸟类都能感染这种病原体而发病，是一种常见的传染病。人也能感染该病原体而发病，这是一种人畜共患的疾病。本病的主要特征是单侧或双侧眼结膜炎。

（1）病原体　病原体为衣原体，能在肝、脾、骨髓中的细胞内繁殖，并破坏这些组织器官。

（2）流行特点　各种年龄的鸽均可感染发病，以童鸽易感，青年鸽多为隐性经过，成年鸽则较少发生。每年的5~7月和10~12月是本病的多发季节，其他时间发病率较低。

病原体的传播途径如下：随粪便、泪液和咽部的黏液排出体外，鸽采食被衣原体污染的饲料、饮水，以及种鸽受精、哺育乳鸽时，都会被感染，也可以通过吸入空气中的衣原体而被感染。此外，人、昆虫、飞鸟都可能是衣原体的携带者。

衣原体携带者处在隐性状态时，如果经过长途运输、种鸽过度繁殖体质降低、饲料营养水平低、鸽体质差、环境改变或饲料改变引起应激时，都会发生慢性或亚急性病例。

（3）症状　幼鸽感染衣原体后，多为急性型，表现为严重腹泻、厌食、采食量降低、羽毛蓬乱、消瘦、单侧眼结膜炎、鼻卡他性病变等，死亡率达20%~30%。青年鸽多表现为单侧眼结膜炎，流泪，开始为水样，后转为脓性分泌物，眼部肿胀，严重的会导致角膜混浊甚至失明。有个别病鸽并发鼻炎，鼻孔内有干酪样的堵塞，外部稍显鼓起；呼吸困难，夜间可以听到严重的呼吸"啰音"；粪便呈灰白色、浅绿色。多数病鸽还见有翅膀、脚麻痹和扭转颈的症状。成年鸽感染衣原体后多呈隐性经过，若受到饲养条件及环境改变、运输等严重的应激时，会出现慢性及亚急性的病例，甚至会突然死亡。

剖检可见：肝肿大，肝表面有芝麻到绿豆大小的淡黄色坏死灶；脾明显肿大，比健康的肝脏大3~4倍；心脏肥大，心包膜充血、出血，心外膜覆盖着纤维素性渗出物；腹腔有卡他性肠炎，胸腔内也有纤维素性肺炎。泄殖腔内有较多的尿酸盐沉积。

根据其传染快、发病率高、死亡率低的流行特点，再根据其在鸽群

中反复出现单侧性眼结膜炎、呼吸困难及肝、脾、心脏等病理变化,便可作出初步诊断。确认需经过实验室检查。

(4)鉴别诊断　本病还要与霉形体病、单纯性眼炎、巴氏杆菌病、沙门杆菌病鉴别诊断:

1)霉形体病　没有结膜炎的表现。

2)单纯性眼炎　不表现全身其他症状,仅眼发生结膜炎,在眼部涂抗菌素眼膏很快就能痊愈。

3)巴氏杆菌病　发病时眼结膜炎常是双侧性的。

4)沙门杆菌病　鸽也有眼结膜炎的表现,此外,还表现为严重腹泻和关节肿大及神经症状。鸟疫则无后两种症状。

(5)防治

1)预防　引进种鸽时要进行健康检查,不引进血清学阳性的鸽,及时进行检查,若有异常状况及时进行预防性投药;鸽舍要清洁,保持一定温度,防止病原体随灰尘传播。因为是人畜共患病种,应做好人的防护工作,以防交叉感染。

2)治疗　①土霉素肌内注射或口服,每只鸽每次5万~8万单位,每天1次,连用5天。②大群发病时,可用金霉素、红霉素、土霉素、四环素拌料喂服,浓度以0.04%~0.06%为宜。每个疗程5天,连用2个疗程,两疗程中间间隔2天。③若混合感染霉形体时,可用泰乐菌素0.08克/升溶于水中,连饮3天。

11. 鸽霉形体病　本病又称为支原体病,可引发鸽呼吸道疾病,其主要特征是病鸽严重的呼吸道症状。

(1)病原体　致病性霉形体。

(2)流行特点　本病在全国各地、一年四季均可发生,但在寒冷

季节、高温潮湿季节发病率较高。各阶段的鸽都能感染霉形体，以乳鸽最易感染。单纯由霉形体感染致死的鸽较少，由于霉形体病的存在，导致鸽的生长发育受阻，体质降低，抗病力下降，一般会出现继发其他疾病而使病鸽出现死亡。

本病病原体可由鸽之间直接接触传播，发病鸽可通过胚胎传给乳鸽；也可以通过粪便、饮水、饲料、设备和飞沫而传染。

（3）症状　被感染的鸽病程长，潜伏期多在1~2周，初期表现为鼻炎、流涕、咽喉发炎，后期症状加重，因分泌物堵塞鼻腔而只能张口呼吸，发出"咯、咯……"的喘鸣声，呼出的气体有恶臭味。眼睛发炎、肿胀、有渗出物，严重时出现失明。

解剖死鸽可见呼吸系统、鼻腔、气管和气囊有黏性分泌物，气囊膜增厚、浑浊，有干酪样渗出物附着，有的鸽肺部有炎症、淤血。当病鸽并发大肠杆菌感染时，还可见纤维素性心包炎和肝周炎。

根据流行情况、症状和病变等特征，可对本病作出初步诊断。确认必须通过血清学检查及病原体分离。

（4）鉴别诊断　本病初步诊断必须注意与鸟疫、传染性鼻炎、鸽毛滴虫病、念珠菌病、曲霉菌病相区别。

1）鸟疫　有典型的眼角膜炎，而霉形体病病鸽眼结膜极少受到损害，且极少呈急性经过，只有个别的病例发生死亡。

2）传染性鼻炎　病鸽眼睑极度肿胀，流泪，而气囊一般不发生病变。

3）鸽毛滴虫病和念珠菌病　两种病均出现消化道病变，因此取口腔沉淀物镜检时，均可发现毛滴虫和念珠菌。

4）曲霉菌病　病鸽虽然出现呼吸困难，但没有鼻卡他性等症状。

（5）防治

1）预防　平时对鸽群应加强饲养管理，供给营养水平高、营养物质均衡的饲料。饲料特别注意添加维生素 A，以提高上呼吸道抗病力，减少应激因素。引进种鸽要对引进的个体做血清学检验，阳性者一律不能混入种鸽群。定期进行预防性投药，一旦发病应及时进行治疗。

2）治疗　①用 0.5% 的金霉素，或 0.1%~0.2% 的土霉素，或 0.01%~0.02% 的禽喘灵拌入保健砂中，连用 5 天。② 0.005%~0.007% 的强力霉素或 0.01%~0.02% 的红霉素溶于水中饮水治疗，连用 3~5 天为一个疗程。一般 2~3 个疗程可以控制病情。③链霉素每只病鸽每次 5 万单位肌内注射，每天 2 次，连注 3~4 天。

12. 曲霉菌病　曲霉菌病是一种常见的真菌性传染病，主要特征是肺、气囊发生曲霉菌性肺炎。成年鸽常为散发性发生。

（1）病原体　为烟曲霉和黄曲霉。这些霉菌在自然界广泛存在，如饲料管理不当，特别是储存场所潮湿，饲料会发霉致病。

（2）流行特点　高温高湿季节饲料最容易发生霉变，是曲霉菌高发季节。乳鸽和童鸽抵抗力弱，食用了发霉的饲料，由于霉菌毒素的作用发病率和死亡率均比较高。成年鸽抗病力较强，发病率和死亡率均较低。

本病主要是鸽吃了发霉的饲料，烟曲霉随饲料进入鸽体内进行繁殖并产生霉素，使鸽的组织器官受到毒害。此外，黄贡霉孢子主要通过呼吸道感染，鸽吸入含有孢子的空气及采食时吃进被霉菌孢子污染的饲料而被感染。

（3）症状　鸽对曲霉菌的抵抗力较强，常表现为慢性症状，不太明显。严重感染时，鸽会出现食欲减退、精神不振、呼吸困难、眼鼻发炎并保有分泌物，以及皮肤干燥、脱屑、羽毛干枯、易断，幼鸽的皮肤

第三章 肉鸽的疾病防治

有鳞状斑点等症状。还可会出现鸽下痢、消瘦。

解剖病死鸽，会发现轻者肺部气囊发生炎症，典型病例在肺上可见针头至黄豆大小的结节。结节的颜色呈灰白色或淡黄色，内容物呈干酪样，切开可见菌丝体或孢子。有的鸽还出现卡他性肠炎。

（4）防治

1）预防　做好饲料的防霉、除霉工作，在高温高湿季节可在饲料粮中加入防霉剂，方法是醋酸和醋酸钠按2∶1混合后再加入1%的山梨酸混合均匀后按1%加入饲料粮中，饲料粮可在3个月内不发生霉变。保持饲料干燥无霉变，严禁喂霉变的饲料；保持饲槽、饮水器清洁卫生，坚持经常洗刷，经常在阳光下暴晒杀死霉菌；保持鸽舍通风干燥。另外，定期用稀释1500倍的碘溶液给鸽饮用，可以预防本病。

2）治疗　①发现鸽群中有曲霉菌病个体，可用1∶1 500的硫酸铜溶液饮水，每天1次，连饮7天；或用1∶1 500的碘溶液饮水，连用3~5天。②克霉唑混入保健砂中，100只幼鸽用1克，连用7天。③用0.02%的煌绿或结晶紫饮水，连用3天；早期可用粉绿或结晶紫0.1%的注射液肌内注射，每只鸽每次0.02毫升，每天2次，连注3天。④用制霉菌素喂服，每只鸽每次10~20毫克，每天2次，连用5~7天；大群治疗可按1000只鸽每次50万单位的制霉菌素加入饲料喂服，每天2次，连用2~3天。

13.念珠菌病　本病又称鹅口疮，是鸽上消化道的一种真菌性传染病，其主要特征是病鸽咽喉部形成黄白色干酪样的假膜。

（1）病原体　为一种酵母状真菌，称白假丝酵母菌。本菌在自然界中广泛存在，在病鸽的消化道和粪便中均有本菌。

（2）流行特点　在自然条件下2周龄以上的乳鸽至2月龄以下的童鸽最易发生本病，刚离开亲鸽的童鸽感染后病情最为严重，成年鸽感染

后症状不明显,但成为隐性带菌者。

念珠菌传播途径是:由带菌亲鸽将病原传给乳鸽,其次是带菌的粪便、被污染的饲料和饮水也会给鸽带来感染。鸽舍潮湿、饲料发霉、饮水不洁等也都能引发本病。

(3)症状 念珠菌主要侵害鸽的上消化道,初期鸽的口腔咽部充血、潮红,分泌物增多,继而出现小白点,口腔溃烂,唾液黏稠,呼出的气体带恶臭味,然后在口腔咽部形成黄白色干酪样的假膜。病变可蔓延到食道、嗉囊和腺胃,病鸽表现为呼吸困难、食欲不振或拒食、腹泻,逐渐体弱消瘦,最后身体衰竭而死亡。成年鸽感染念珠菌后无明显的症状,成为隐性带菌者。

解剖病死鸽,可见其食道和嗉囊黏膜肿胀、出血、溃疡、糜烂或覆盖黄白色干酪样的假膜。

念珠菌病的症状与鸽毛滴虫病的症状很相似,鉴别诊断比较困难,而且两种病原体往往还会合并感染。所以诊断本病时,先诊断有无毛滴虫病。一般来讲,乳鸽感染毛滴虫病,病情较严重,而念珠菌病则为1月龄左右的鸽发病率、死亡率较高。鉴别诊断的方法是用棉签取咽喉部的黏液抹片检查。

(4)防治

1)预防 日常应保持鸽舍清洁卫生、通风干燥、光线较好;用具、饲料和饮水也应保持清洁卫生;定期检查鸽群,发现病鸽立即隔离治疗,及时切断传染途径。

2)治疗 ①将口腔和咽喉的假膜及干酪样的物质轻轻刮掉,于溃疡处涂上碘甘油或紫药水;②在饮水中加入0.02%的煌绿或结晶紫饮水治疗,每3天1个疗程,连用2个疗程,两个疗程中间停药2天;③克霉唑拌

第三章 肉鸽的疾病防治

成粒状，100只鸽用药1~2克喂服，连服3~5天，或用1%~5%的克霉唑软膏涂咽喉部；④用0.05%硫酸铜溶液饮服，隔天给1次药，连用3次。

14. **球虫病** 一种常见的寄生虫病，是由单细胞球虫引起的肠道病，其特征是病鸽拉水样稀便，肠道充血、出血等。

（1）病原体 为多属鸽艾美尔球虫和唇艾美尔球虫，后者最为常见。它们都是单细胞体，寄生在鸽的小肠和大肠中。两者均是全球广泛分布的肠道寄生虫，几乎所有的鸽都是带虫者，但大部分都不表现明显的症状，当饲养条件不良、鸽舍潮湿、卫生条件差时，幼鸽、青年鸽易感染本病死亡。

（2）流行特点 病原体的传播媒介主要是粪便，通过消化道感染健康鸽。在阴暗潮湿、群养、卫生条件差、粪便堆积的鸽舍里很容易引发本病。

（3）症状 感染本病的鸽，羽毛脏乱，食欲减退，饮水增多，拉水样稀便，有时便中还带有黏液或血丝，会因失水而出现脚干和眼睛下陷。抵抗力差的个体因肠道损害会继发其他细菌感染致病而死亡。抵抗力强的大龄鸽会慢慢康复。

剖检病死鸽发现：病变部位主要在肠道，大肠和小肠呈褐色、肿胀，肠内可见卡他性炎症病变，黏膜充血、出血；内容物稀烂，呈绿色和红褐色。

根据粪便、肠道病变等特征病变可作初步诊断，但最好通过显微镜检查粪便中有球虫卵囊才可以确认。

（4）防治

1）预防 搞好鸽舍卫生，及时清除粪便，饲料和饮水避免被鸽粪污染，幼鸽和成年鸽应分群饲养，饲料添加维生素A或多喂维生素A含量

高的饲料以减轻幼鸽发病程度。

2）治疗　①氯苯胍按每千克饲料加入 0.1 克的量拌入饲料喂服，连用 3~5 天；②地克珠利按每千克饲料 1 毫克的量拌入饲料喂服，连用 3~5 天；③克球粉或氨丙啉按 4000 克水加 1 克药量加入水中，让鸽群饮用，连饮 3~5 天；④磺胺二甲嘧啶按 0.5% 的量加入饮水中，让群鸽饮用，连饮 3~5 天；⑤敌菌净按 0.02% 的量加入饮水中让鸽饮用，连饮 7 天。

15. 鸽毛滴虫病　是由毛滴虫寄生在鸽的消化道而引起的一种原虫病，其特征是病鸽咽喉黏膜呈现明显的纽扣状的黄色干酪样坏死物。

（1）病原体　是一种能寄生在鸽上消化道的原虫——毛滴虫。

（2）流行特点　病原的传播主要是接触性感染，在一些成年鸽中，在消化道壁上可见到针头大小的病灶，这些便是毛滴虫的聚积物，对成年鸽的健康不会造成严重危害。不过带乳鸽的亲鸽很容易通过喂食，把毛滴虫传给自己哺喂的乳鸽。另外，被污染的饲料和饮水，也会给鸽群造成感染。

（3）症状　成年鸽感染了毛滴虫仅成为带虫者，无明显的临床症状；而乳鸽、童鸽感染毛滴虫后，羽毛松乱，食欲减退，饮欲增加，消化功能紊乱，腹泻进而消瘦。口腔的分泌物增多，呈浅黄色黏稠状，而严重感染的乳鸽或童鸽会很快消瘦，4~5 天后死亡。典型症状可以分为三种类型。

1）咽型　在病鸽的咽喉部可见浅黄色分泌物或有界线明显呈纽扣状或黄豆大小的干酪样沉积物，或见在鼻咽黏膜有均匀的针头大小黄白色病灶。

2）脐型　这种类型的鸽病多是由污染的垫料而引起的，在脐部皮下形成炎症或肿块，肿块的切面呈干酪样或溃疡性病变。这一类型的病例

第三章　肉鸽的疾病防治

比例较小。

3）内脏型　随着病情的发展，毛滴虫侵入鸽的体内，在其食道、嗉囊、肝、脾、肺等部位形成结节性病灶。

根据咽型及内脏型的特征性病变可以作出初步诊断，但是确诊须取咽喉部的病灶或嗉囊内的黏液涂片经显微镜检查，发现毛滴虫方可确诊。毛滴虫呈梨形，有四条鞭毛，呈螺旋式运动。

另外，要确认还应与白喉型的鸽痘、鸽念珠菌病的喉部病变相区别；鸽沙门杆菌病、结核病的肝、脾小结节也应与本病肠道等内脏器官的病变相区别。

（4）防治

1）预防　①带虫的成年鸽不表现症状，但会散布病原，直接危害它所哺育的乳鸽。应定期抽取鸽口腔黏液进行镜检，把带虫和患病的鸽从鸽群中隔离出来进行治疗。也要经常进行全群性投药预防。②对新购种鸽中的优秀个体也应严格检查，发现可疑的个体就不应入选种鸽。③平时应注意饲料和饮水卫生、环境卫生，对亲鸽巢盆中应勤换垫料和麻布，乳鸽出巢后及时清洗消毒巢盆及垫料等。

2）治疗　①用1，2—二甲基—5—硝基咪唑按0.05%加入水中配成溶液供鸽饮用，连用7天；按每只鸽每日30毫克／千克体重加入水中任其饮用，连用7天。②灭滴灵按0.05%混入结晶紫溶液或0.06%的硫酸铜溶液或0.06%的碘溶液让其饮用，连用7天，可以预防，也可以治疗。

附 录

一、鸽生理学参考数据表

表1 成年鸽生理学参考数据表

生理项目		生理指标
体重		250~350／克
体温		40.5~42／℃
呼吸次数		30~40／（次／分）
心跳次数		140~240／（次／分）
食量		30~50（克／日）
饮水量	春季	30~50(毫升／日)
	夏季	50~100(毫升／日)
	秋冬季	30~40(毫升／日)

二、鸽病简明诊断表

表2 童鸽、青年鸽疾病简明诊断表

发病部位	临诊症状	可能疾病
口腔和咽喉	有黄白色干酪样物（白色假膜）、口烂有珍珠状水疱 有黄白色斑点，口角有结节状小瘤有乳酪样纽扣大小肿胀	鹅口疮 鹅口疮 白喉型鸽痘 鸽毛滴虫病
眼睛	流泪 肿胀 眼睑内常有干酪样物 没有精神，眼睑有结节性小瘤	伤风、感冒 鸽霉形体病、传染性鼻炎 维生素A缺乏症 鸽痘
鼻和鼻瘤	水样分泌物脏污	伤风、感冒、鸟痘
头颈部	头颈扭转、共济失调 大量神经症状 头颤抖或摇摆	沙门菌病、维生素B缺乏 鸽新城疫 偏头痛、鸽新城疫
嗉囊	触之硬实、肿胀 胀软、胀气	毛滴虫病、硬嗉囊病 胃肠炎、消化不良
翅膀	关节肿大	沙门菌病
腿部	关节肿大、单脚站立 一腿外翻	沙门菌病 腿挫伤、脱腱症
腹脐部	肿胀	毛滴虫病
肛门	肿胀、有结节状小瘤 啄食新生羽毛 皮肤发紫 皮下出血、血肿	鸽痘 食肉癖 丹毒病 中毒、维生素K缺乏症
骨	软骨、站立不稳	缺乏维生素D、缺钙
综合症状	软弱、贫血 瘦弱、拉血便 生长缓慢、羽毛松乱 拉稀便 大多数鸽拉水样便 拉绿色便 呼吸困难 呼吸哕音	体内寄生虫、沙门菌病 球虫病、蛔虫病 体外寄生虫 消化不良 鸽新城疫 溃疡性肠炎 霉形体病、鸟疫 支气管炎、肺炎

表3 成年鸽疾病简明诊断表

发病部位	临诊症状	可能疾病
口腔和咽喉	口腔有黄白色斑点 上颚有针头大小灰白色坏死点	鸽痘 鸽毛滴虫病
眼睛	流泪,有黏液性分泌物积聚 单侧性流分泌物、肿胀 眼睑肿胀	眼炎、缺乏维生素A 鸟疫 伤风感冒、传染性鼻炎
鼻	水样分泌物	伤风、感冒
头颈部	头肿胀,小结节性小瘤 部位不正常,头颈扭转 头颤抖、摇摆、共济失调	鸽痘、皮下瘤 多发性神经炎、维生素B_1缺乏 鸽新城疫
嗉囊	内有积液、有流动感 内有硬实肿胀	软嗉囊病、乳糜炎 硬嗉囊病
翅膀	关节肿大、肿瘤 下垂,无力飞翔 黄色坚硬肿块 黄色小脓疮	沙门菌病 沙门菌病 沙门菌病 外伤、沙门菌病
足部	黄色硬块 单侧站立、关节肿胀 产蛋时腿瘫痪 有大小不一的结节状小瘤 肿大 底部肿块	沙门菌病 沙门菌病 维生素D缺乏症 鸽痘 痛风 葡萄球菌病
皮肤病	皮下充气 皮下肿瘤 皮肤小结节 皮下出血、血肿 皮肤发绀 皮肤糜烂	气肿 皮瘤 鸽痘 中毒、维生素K缺乏 丹毒病 螨虫病、外伤

续表

发病部位	临诊症状	可能疾病
肛门	周围羽毛被粪便污染 输卵管突出 肿胀、排出黏液	巴氏杆菌病、肠炎 难产症 肠炎、沙门菌病
羽毛	无毛斑块 羽毛残缺、易断 羽毛松乱、无光泽 羽毛脏污、粘有分泌物	螨虫病 外寄生虫病 内寄生虫病 鸟疫、慢性呼吸道病
综合症状	消瘦体弱 精神不振，站立不安 呼吸困难，张口呼吸 呼吸困难伴有神经症状 肺内有呼吸啰音 大量饮水、不思食料 拉稀、血变 群体中大量鸽拉水样稀便 拉铜绿色、棕褐色粪便 不生蛋 难产 突然死亡 大批鸽突然死亡	球虫病、沙门菌病 外寄生虫病 支气管、鸟疫 鸽新城疫 肺炎、肺结核 内寄生虫病、热性病 痢疾、球虫病 鸽新城疫 禽巴氏杆菌病 卵巢癌、沙门菌病 肿瘤、腹膜炎、输卵管炎 肺充血、禽出败 中毒、鸽新城疫

三、鸽病选用药一览表

表4 鸽病选用药一览表

鸽病名称	病原体	首选药物或疫苗	次选药物或疫苗
鸽新城疫	鸽Ⅰ型副黏病毒	鸽新城疫油乳剂疫苗	鸡新城疫Ⅳ系疫苗
鸽痘	鸽痘病毒	鸽痘弱毒疫苗	鸽痘疫苗

续表

鸽病名称	病原体	首选药物或疫苗	次选药物或疫苗
鸽沙门菌病	鼠伤寒沙门菌病	氟苯尼考	庆大霉素、复方敌菌净、诺氟沙星
霉形体病	败血霉形体	红霉素、链霉素	复方泰乐霉素、禽喘灵、北里霉素、利高霉素、支原净
鸟疫	衣原体	金霉素	青霉素、四环素、土霉素
大肠杆菌病	埃希氏大肠杆菌	庆大霉素、卡那霉素	复方敌菌净、利高霉素、诺氟沙星
溃疡性肠炎	鹌鹑杆菌	青霉素、四环素	链霉素、土霉素、诺氟沙星
鸽巴氏杆菌病	多杀性巴氏杆菌	青霉素、链霉素	庆大霉素、强力霉素、四环素、复方敌菌净、磺胺二甲基嘧啶
传染性鼻炎	嗜血杆菌	青霉素+链霉素	复方敌菌净、禽喘灵、红霉素、强力霉素、庆大霉素
鸽毛滴虫病	毛滴虫	灭滴灵	2-氨基-5-硝基噻唑
球虫病	艾美球虫	氯苯胍、地克珠利	球痢灵、杀球灵、百球清
鸽蛔虫	蛔虫	盐酸左旋咪唑	驱蛔灵、甲苯咪唑
鸽血变形虫病	鸽血变形虫	磷酸百氨喹片	敌百虫、杀虫脒
鸽体外寄生虫病	鸽虱、鸽螨、鸽虱蝇	敌百虫、杀虫脒	灭百可、速灭杀丁、除螨硫黄粉、樟脑、双甲脒
鹅口疮	白色念珠菌	制霉菌素、克霉唑	龙胆紫、雷佛奴尔、硫酸铜
曲霉菌病	烟曲霉菌	制霉菌素、克霉唑	硫酸铜、碘酒
趾脓肿	金黄色葡萄球菌	青霉素	四环素、红霉素、磺胺类药物
胃肠炎	肠道杆菌等	复方敌菌净	胃舒平、土霉素、诺氟沙星、庆大霉素

四、鸽常用药用法和剂量

表 5 鸽常用药一览表

药物名称	制剂规格	用法与剂量	防治疾病
青霉素 G 钾盐	粉针：20 万单位 / 支；40 万单位 / 支	用注射用水或生理盐水溶解，肌内注射 2 万~4 万单位 / 千克体重，每天 2~3 次	葡萄球菌病、李氏杆菌病、巴氏杆菌病等
氨苄青霉素钠	粉针：0.5 克 / 支	用法同上，用量 2~5 毫克 / 千克体重	巴氏杆菌病、伪结核病、黏液性肠炎
硫酸链霉素	粉针：0.5 克 / 瓶、1 克 / 瓶	肌内注射：20 毫克 / 千克体重，每天 2 次	巴氏杆菌病、大肠杆菌病、沙门杆菌病
硫酸卡那霉素	水针剂：4 万单位 / 毫升	肌内注射：0.3 万~0.5 万单位 / 千克体重	巴氏杆菌病、大肠杆菌病、沙门杆菌病、葡萄球菌病
盐酸四环素	粉针：0.25 克 / 支	用 5% 葡萄糖溶液溶解静脉注射，40 毫克 / 千克体重，每天 1 次	巴氏杆菌病、大肠杆菌病、沙门杆菌病
盐酸土霉素	片剂：0.25 克 / 片 粉针：0.2 克 / 支、1 克 / 支	内服：10 毫克 / 只，2 次 / 日 肌内注射：40 毫克 / 千克体重	巴氏杆菌病、大肠杆菌病、沙门杆菌病
强力霉素（脱氧土霉素）	片剂：0.1 克 / 片 针剂：0.1 克 / 支	内服：3~5 毫克 / 千克体重 静脉注射：2~4 毫克 / 千克体重	葡萄球菌病、波氏杆菌病、沙门杆菌病、大肠杆菌病

续表

药物名称	制剂规格	用法与剂量	防治疾病
盐酸金霉素	片剂：0.25 克／片 粉针：0.25 克／支	内服：0.1 克／只，2~3 次／日 静脉注射：40 毫克／千克体重	大肠杆菌病、沙门杆菌病、巴氏杆菌病等
磺胺嘧啶（SD）	片剂：0.5 克／片	内服：首服 0.2 克／千克体重，维持 0.1 ／千克体重，每天 2 次	大肠杆菌病、沙门杆菌病、巴氏杆菌病、葡萄球菌病、梭菌病
磺胺二甲基嘧啶（SM2）	片剂：0.5 克／片 水针：0.5 克／毫升、1 克／10 毫升	内服：首服 0.2 克／千克体重，维持 0.07~0.11 克／千克体重，3 次／日	大肠杆菌病、沙门杆菌病、巴氏杆菌病、葡萄球菌病、梭菌病
磺胺甲基异噁唑（新诺明）	片剂 0.5 克／片	内服：首服 0.1 克／千克体重，维持 0.05 克／千克体重，每日 2 次	大肠杆菌病、沙门杆菌病、巴氏杆菌病、葡萄球菌病、梭菌病
复方磺胺甲基异噁唑（复方新诺明）	片剂：每片含 TMP 0.08 克 +SMZ0.04 克	肌内注射：20~30 毫克／千克体重，每天 1 次	大肠杆菌病、沙门杆菌病、巴氏杆菌病、葡萄球菌病、梭菌病
二甲氧苄氨嘧啶（敌菌净）（DVD）	片剂 0.5 克／片	内服：10 毫克／千克体重，属抗菌增效剂，常与 SMZ、SMD、SMM、四环素合用	肠道感染与球虫病
磺胺脒（SG）	片剂 0.5 克／片	内服：首服 0.3 克／千克体重，维持 0.15 克／千克体重，每天 3 次	大肠杆菌病、腹泻

续表

药物名称	制剂规格	用法与剂量	防治疾病
诺氟沙星（氟哌酸）恩诺沙星（乙基环丙沙星）	片剂、胶囊预混料（5%）	内服：10毫克/千克体重，每天2次，连用3~5天	膀胱炎、肠炎、菌痢
	口服剂	口服：2.5~5毫克/千克体重，每天2次	大肠杆菌病、沙门杆菌病、巴氏杆菌病、链球菌病、葡萄球菌病
	针剂	肌内注射：2.5~5毫克/千克体重，每天2次，连用3天	
氯苯胍	片剂：0.01克/片 粉剂：预混剂10%	预防中暑：150毫克/千克料，可连用45天；治疗量：300毫克/千克料，连用1~2周	球虫病
莫能菌素	预混剂（20%）	按莫能菌素含量0.004%~0.006%加入饲料喂服，可连用20~25天	球虫病
球痢灵	粉剂	内服：50毫克/千克体重，每日2次，连用5天	球虫病
地克珠利	预混料（0.5%）	1毫克/千克饲料，可连用1个月，可与莫能菌素交替用	球虫病
盐霉素	粉剂	50毫克/千克饲料，连用7天	球虫病
伊维菌素	粉剂	内服：按说明书使用	疥螨病、线虫病
	针剂	皮下注射：按说明书使用	
敌百虫	结晶粉	外用，1%~2%温水涂擦患部，7天后再用药1次	疥螨病、虱、蚤外寄生虫病

续表

药物名称	制剂规格	用法与剂量	防治疾病
双甲脒	乳油剂：含双甲脒12.5%	外用：以0.01%~0.015%溶液涂擦或泼洒7天后再重复1次	疥螨病
螨净	油状液体	外用：配成1：500水溶液涂擦	疥螨病
灰黄霉素	片剂：0.1克/片	内服：预防量10毫克/（千克体重·日）；治疗量30毫克/（千克体重·日），15日1个疗程	皮肤真菌病
	软膏	适量涂敷患部	
制霉菌素	片剂25万~50万单位/片	内服：5万~10万单位/只，每天2~3次	皮肤真菌病
	软膏：8万单位/克	适量涂敷患部	
咪康唑（霉可唑）	乳剂：2% 洗剂：1%	涂于患部疗效优于制霉菌素	皮肤真菌病
鱼肝油	每克含维生素A850单位，维生素D 85单位	内服：1~2毫升	维生素A缺乏症，软骨病
维生素AD注射液	针剂：每毫升含维生素A5万单位，维生素D 20.5万单位	肌内注射：1 000~2 500单位/只	促进生长发育，治疗维生素A、维生素D缺乏症
维生素D_2（骨化醇）	胶丸：1万单位/丸	内服：1 000~2 500单位/只	骨软病、佝偻病及急性低血钙症
	针剂：40万单位/毫升	肌内注射：1 500单位/只	
维生素E	片剂，10毫克/片	内服：1毫克/（只·次），每天2次	维生素E缺乏症，不产蛋
	针剂，每毫升50毫克	肌内注射：2毫克/（只·次）	